LI CHENG ZHANG JIAO LIAN AO SHU BI JI

李成章教练奥数笔记

第7卷

李成章 著

哈尔滨工业大学出版社
HARBIN INSTITUTE OF TECHNOLOGY PRESS

内容提要

本书为李成章教练奥数笔记第七卷,书中内容为李成章教授担任奥数教练时的手写原稿.书中的每一道例题后都有详细的解答过程,有的甚至有多种解答方法.

本书适合准备参加数学竞赛的学生及数学爱好者研读.

图书在版编目(CIP)数据

李成章教练奥数笔记. 第 7 卷/李成章著. —哈尔滨:哈尔滨工业大学出版社,2016.1(2024.1 重印)
ISBN 978-7-5603-5725-6

Ⅰ.①李… Ⅱ.①李… Ⅲ.①数学-竞赛题-题解
Ⅳ.①O1-44

中国版本图书馆 CIP 数据核字(2015)第 280421 号

策划编辑	刘培杰　张永芹
责任编辑	张永芹　杜莹雪
封面设计	孙茵艾
出版发行	哈尔滨工业大学出版社
社　　址	哈尔滨市南岗区复华四道街 10 号　邮编 150006
传　　真	0451—86414749
网　　址	http://hitpress.hit.edu.cn
印　　刷	哈尔滨圣铂印刷有限公司
开　　本	787mm×1092mm　1/16　印张 13.5　字数 155 千字
版　　次	2016 年 1 月第 1 版　2024 年 1 月第 3 次印刷
书　　号	ISBN 978-7-5603-5725-6
定　　价	38.00 元

(如因印装质量问题影响阅读,我社负责调换)

目录

十八　直线系和曲线系　//1

十九　解析几何难题选讲　//31

廿　不等式证明中的局部方法　//38

廿一　数学归纳法证明不等式　//58

廿二　导数及其应用(凸函数)　//83

廿三　带参数的常用不等式　//111

廿四　不定方程(一)　//135

廿五　对称多项式　//153

廿六　数列(二)　//173

编辑手记　//195

十八 直线系和曲线系

一 直线系

1. 过定点 (x_0, y_0) 的直线系为
$$\lambda_1(x-x_0) + \lambda_2(y-y_0) = 0,$$
其中 λ_1 和 λ_2 为参数.

2. 过两条直线
$$a_1x + b_1y + c_1 = 0, \quad a_2x + b_2y + c_2 = 0$$
的交点的直线系为
$$\lambda_1(a_1x + b_1y + c_1) + \lambda_2(a_2x + b_2y + c_2) = 0,$$
其中 λ_1 与 λ_2 为参数.

3. 与定直线 $ax + by + c = 0$ 平行的直线系为
$$ax + by + \lambda = 0,$$
其中 λ 为参数.

4. 与定直线 $ax + by + c = 0$ 垂直的直线系为
$$bx - ay + \lambda = 0.$$

5. 在两条坐标轴上的截距之和等于 a 的直线系为
$$\frac{x}{\lambda} + \frac{y}{a-\lambda} = 1,$$
其中 λ 为参数.

6. 与原点距离等于 r 的直线系或称为与以原点为心、r 为半径的圆相切的直线系为
$$x\cos\theta + y\sin\theta = r,$$
其中 $r > 0$, $0 \le \theta < 2\pi$ 为参数.

二 圆系

1. 与定圆 $C: x^2+y^2+DX+EY+F=0$ 同心的圆系为
$$x^2+y^2+DX+EY+\lambda=0,$$
其中 λ 为参数。或者与定圆 $C: (x-x_0)^2+(y-y_0)^2=r^2$ 同心的圆系为
$$(x-x_0)^2+(y-y_0)^2=\lambda^2,$$
其中 λ 为参数。

2. 过两个定点 $A(x_1, y_1)$, $B(x_2, y_2)$ 的圆系方程为
$$(x-x_1)(x-x_2)+(y-y_1)(y-y_2)+\lambda[(x-x_1)(y_2-y_1)-(y-y_1)(x_2-x_1)]=0$$
其中 λ 为参数。特别地，当 $\lambda=0$ 时，上式化为以线段 AB 为直径的圆的方程
$$(x-x_1)(x-x_2)+(y-y_1)(y-y_2)=0.$$
这相当于
$$\vec{AP}\cdot\vec{BP}=0,$$
$P=(x,y)$ 为圆上的任一点。

3. 设两个定圆不同心，方程分别为
$$x^2+y^2+C_1x+D_1y+F_1=0, \quad x^2+y^2+C_2x+D_2y+F_2=0 \quad ①$$
则
$$\lambda_1(x^2+y^2+C_1x+D_1y+F_1)+\lambda_2(x^2+y^2+C_2x+D_2y+F_2)=0 \quad ②$$
表示共轴圆系（即其中任何两个圆的根轴都是一条固定直线）。

(1) 当两圆相交时，因为是过两个定点的公共弦所在的直线，公共弦为根轴的共轴圆系。

(2) 当两圆切于点A时(外切和内切), 公共的根轴就是过点A的公切线;

(3) 当两圆内含或外离时, $\lambda_1=1, \lambda_2=-1$ 时, 方程②变为一条直线. 此直线就是两圆的根轴, 也是此圆系中任何两圆的根轴.

设①中两个方程又表示的两圆分别为 $\odot O_1$ 和 $\odot O_2$, 于是有
$$O_1\left(-\frac{C_1}{2}, -\frac{D_1}{2}\right), \quad O_2\left(-\frac{C_2}{2}, -\frac{D_2}{2}\right).$$

据此, 两圆的方程又可写成

$\odot O_1$: $\left(x+\frac{C_1}{2}\right)^2+\left(y+\frac{D_1}{2}\right)^2-\frac{C_1^2+D_1^2}{4}+F_1$
$=\left(x+\frac{C_1}{2}\right)^2+\left(y+\frac{D_1}{2}\right)^2-r_1^2=0$ ③

$\odot O_2$: $\left(x+\frac{C_2}{2}\right)^2+\left(y+\frac{D_2}{2}\right)^2-\frac{C_2^2+D_2^2}{4}+F_2$
$=\left(x+\frac{C_2}{2}\right)^2+\left(y+\frac{D_2}{2}\right)^2-r_2^2=0$ ④

同时有
$$(C_1-C_2)^2+(D_1-D_2)^2=4|O_1O_2|^2; \quad ⑤$$
$$k_{O_1O_2}=\frac{D_1-D_2}{C_1-C_2}. \quad ⑥$$

当 $\lambda_1=1, \lambda_2=-1$ 时, 方程②表示一条直线 l:
$$(C_1-C_2)x+(D_1-D_2)y+(F_1-F_2)=0. \quad ⑦$$

显然有
$$k_l=-\frac{C_1-C_2}{D_1-D_2}=-\frac{1}{k_{O_1O_2}}.$$

所以 $O_1O_2 \perp l$. 记垂足为H. 于是为证 l 为 $\odot O_1$ 与 $\odot O_2$ 的根轴, 只须证明点H关于 $\odot O_1$ 和 $\odot O_2$ 的幂相等. 即证明

$$|HO_1|^2 - r_1^2 = |HO_2|^2 - r_2^2. \qquad ⑧$$

由⑦,③和④可得

$$|(C_1-C_2)x+(D_1-D_2)y+(F_1-F_2)|_{O_1}$$
$$= \left|(x+\frac{C_1}{2})^2+(y+\frac{D_1}{2})^2-r_1^2-(x+\frac{C_2}{2})^2-(y+\frac{D_2}{2})^2+r_2^2\right|_{O_1}$$
$$= \left|-r_1^2-\frac{1}{4}[(C_1-C_2)^2+(D_1-D_2)^2]+r_2^2\right|$$
$$= |-r_1^2-|O_1O_2|^2+r_2^2|. \qquad ⑨$$

于是由点到直线的距离公式有

$$|HO_1| = \frac{|-r_1^2-|O_1O_2|^2+r_2^2|}{2|O_1O_2|},$$

$$|HO_1|^2-r_1^2 = \frac{|O_1O_2|^4+r_1^4+r_2^4+2|O_1O_2|^2r_1^2-2|O_1O_2|^2r_2^2-2r_1^2r_2^2}{4|O_1O_2|^2}-r_1^2$$

$$= \frac{|O_1O_2|^4+r_1^4+r_2^4-2r_1^2r_2^2-2|O_1O_2|^2(r_1^2+r_2^2)}{4|O_1O_2|^2}$$

$$= \frac{|O_1O_2|^4+(r_1^2-r_2^2)^2-2|O_1O_2|^2(r_1^2+r_2^2)}{4|O_1O_2|^2}. \qquad ⑩$$

注意,在⑩中,r_1 与 r_2 是对称的,所以有

$$|HO_1|^2-r_1^2 = |HO_2|^2-r_2^2,$$

即⑧成立,所以直线 l 为 $\odot O_1$ 与 $\odot O_2$ 的根轴.

对于②中不是一个圆,$\lambda_1+\lambda_2 \neq 0$,故可设 $\lambda_1+\lambda_2=1$,于是由上面证明知 $\odot C$ 与 $\odot O_1$ 的根轴为

$$0 = (\lambda_1 C_1+\lambda_2 C_2-C_1)x+(\lambda_1 D_1+\lambda_2 D_2-D_1)y+(\lambda_1 F_1+\lambda_2 F_2)-F_1$$
$$= \lambda_2(C_2-C_1)x+\lambda_2(D_2-D_1)y+\lambda_2(F_2-F_1).$$

即
$$(C_1-C_2)x+(D_1-D_2)y+(F_1-F_2)=0$$

即 $\odot C$ 和 $\odot O_1$ 的根轴也是 l，从而②中任何两个圆的根轴都是 l。

4. 与定直线 $ax+by+c=0$ 切于定点 $A(x_0,y_0)$ 的圆系（也是共轴圆系）

$$(x-x_0)^2+(y-y_0)^2+\lambda(ax+by+c)=0$$

其中 λ 为参数，$(x-x_0)^2+(y-y_0)^2=0$ 是退化之圆——点圆。

三、由直线形生成的二次曲线系

设 $f_i = a_i x + b_i y + c_i$，$i=1,2,\cdots$

1. 如果三角形 3 边所在直线的方程分别是 $f_i=0$，$i=1,2,3$，则经过三角形 3 个顶点的二次曲线系的方程为

$$f_1 f_2 + \lambda f_2 f_3 + \mu f_3 f_1 = 0,$$

其中 λ 和 μ 为参数。

2. 如果四边形 4 条边所在直线的方程分别为 $f_i=0$，$i=1,2,3,4$，则过四边形 4 个顶点的二次曲线系为

$$f_1 f_3 + \lambda f_2 f_4 = 0.$$

3. 分别切两条定直线 $f_1=0$，$f_2=0$ 于两个定点 M_1 和 M_2 的二次曲线系为

$$f_1 f_2 + \lambda f_3^2 = 0,$$

其中 λ 为参数而 f_3 是联结 M_1, M_2 所在的直线。

4. 设两条直线 $f_1=0$，$f_2=0$ 与一条二次曲线 $F(x,y)=0$ 共有

4个不同交点,过这4个交点的二次曲线系为
$$F(x,y)+\lambda f_1 f_2 = 0,$$
其中λ为参数.

四 有心二次曲线系.

1 共焦点的有心二次曲线系为
$$\frac{x^2}{c^2+\lambda}+\frac{y^2}{\lambda}=1$$

(1) 当$\lambda>0$时,表示共焦点$(\pm c,0)$的椭圆系;

(2) 当$-c^2<\lambda<0$时,表示共焦点$(\pm c,0)$的双曲线系;

(3) 当$\lambda<-c^2$时,无意义,因这时$c^2+\lambda<0$,$\lambda<0$,方程左边,右边不明之.

2 共顶点的有心二次曲线系为
$$\frac{x^2}{a^2}+\frac{y^2}{\lambda}=1$$

其中$(\pm a,0)$为定顶点,λ为参数,$\lambda>0$时为椭圆系,$\lambda<0$时为双曲线系.

3 具有相同离心率的有心二次曲线系(且同心)

(1) 这样的椭圆系为
$$\frac{x^2}{a^2}+\frac{y^2}{b^2}=\lambda,\quad \lambda>0;$$

(2) 这样的双曲线系为
$$\frac{x^2}{a^2}-\frac{y^2}{b^2}=\lambda,\quad \lambda>0.$$

4 共渐近线的双曲线系为
$$\frac{x^2}{a^2}-\frac{y^2}{b^2}=\lambda,\quad \lambda\neq 0.$$

5 共交点的二次曲线系,设给定两条二次曲线
$$\Gamma_i: A_i x^2+B_i xy+C_i y^2+D_i x+E_i y+F_i=0,\quad i=1,2.$$

于是方程
$$\lambda_1(A_1x^2+B_1xy+C_1y^2+D_1x+E_1y+F_1)$$
$$+\lambda_2(A_2x^2+B_2xy+C_2y^2+D_2x+E_2y+F_2)=0$$
表示过 $\Gamma_1\cap\Gamma_2$ 的4个交点的二次曲线系，其中 λ_1, λ_2 为参数。

应用直线系与曲线系方法解题，有很多捷径，从而为解题带来方便与快捷。

1. 求经过两条直线 $2x-3y=1$, $3x+2y=2$ 的交点，且平行于直线 $y+3x=0$ 的直线方程。　（《上海奥数教程》(高二), 318页例1）

解1　由直线 $2x-3y=1$ 与 $y+3x=0$ 不平行，故可设所求直线的方程为
$$(2x-3y-1)+\lambda(3x+2y-2)=0. \quad ①$$
整理得
$$(2+3\lambda)x+(2\lambda-3)y-(1+2\lambda)=0. \quad ②$$

[从直线系方程入手] [待定系数法]

因直线 $y+3x=0$ 的斜率为 -3，故有
$$-\frac{2+3\lambda}{2\lambda-3}=-3, \quad 2+3\lambda=6\lambda-9, \quad 3\lambda=11.$$
解得 $\lambda=\frac{11}{3}$. 将 λ 的值代入②，即得所求直线的方程为
$$13x+\frac{13}{3}y-\frac{25}{3}=0. \quad 39x+13y-25=0.$$

解2　过直线 $2x-3y-1=0$ 与 $3x+2y-2=0$ 交点的直线系方程为
$$(2x-3y-1)+\lambda(3x+2y-2)=0,$$
$$(2+3\lambda)x+(2\lambda-3)y-(1+2\lambda)=0. \quad ①$$

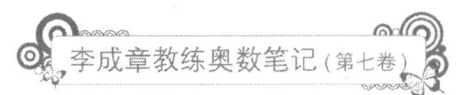

平行于直线 $y+3x=0$ 的直线系方程为
$$y+3x+\mu=0 \qquad ②$$

从①和②中找出公共点直线之有
$$\frac{2+3\lambda}{3}=\frac{-3+2\lambda}{1}=\frac{-(1+2\lambda)}{\mu}. \qquad ③$$

$2+3\lambda=-9+6\lambda$, $(2+3\lambda)\mu=-3(1+2\lambda)$.

$3\lambda=11$, $\lambda=\dfrac{11}{3}$ $\qquad 13\mu=-3-22\lambda=-25$

代入②，得到
$$y+3x-\dfrac{25}{13}=0. \qquad 39x+13y-25=0.$$

2. 已知3条直线

$l_1: x-6=0$, $l_2: x+2y=0$, $l_3: x-2y-8=0$

两两相交有3个交点，求这3点决定的圆的方程。

解 过3个交点的二次曲线系的方程为

$(x-6)(x+2y)+\lambda(x+2y)(x-2y-8)+\mu(x-2y-8)(x-6)=0$

整理得到

$(1+\lambda+\mu)x^2+(2-2\mu)xy-4\lambda y^2-(6+8\lambda+14\mu)x$
$-(12+16\lambda-12\mu)y+48\mu=0$ ①

为使其成为圆的方程，x^2与y^2的系数应该相等而xy的系数应该为0，于是有

$\begin{cases} 1+\lambda+\mu=-4\lambda \\ 2-2\mu=0 \end{cases}$

从二次曲线系方程入手

容易解得 $\mu=1$, $\lambda=-\dfrac{2}{5}$。将此代入①，得到

$\dfrac{8}{5}x^2+\dfrac{8}{5}y^2-\dfrac{84}{5}x+\dfrac{32}{5}y+48=0$

$x^2+y^2-\dfrac{21}{2}x+4y+30=0$

$2x^2+2y^2-21x+8y+60=0$。

此即为过3个交点的圆的方程。(《上海奥考教程(高二)》321页例1)

3. 椭圆 $x^2+2y^2=2$ 与直线 $x+2y-1=0$ 交于 B、C 两点，求经过 B、C 及 A(2,2) 的圆的方程。（《周一王大全》459页例6）

解 过 B、C 两点的二次曲线系，自然会想到 $\boxed{\text{从二次曲线系方程入手}}$
$$\lambda_1(x^2+2y^2-2)+\lambda_2(x+2y-1)=0. \quad ①$$

但无论 λ_1、λ_2 取何值，方程①都不是圆的方程，当然要将①改进。我们注意到，二次曲线系方程容许再加一条直线及与椭圆的另两个交点。由于点 M(1,0) 满足直线 BC 的方程且位于椭圆内部，故可再取一条过 M 的直线，当然与椭圆又有两个交点，但过这4点的圆即使存在，也不一定能过点 A。为此，我们在后一条直线中加一个待定系数 m：
$$(x^2+2y^2-2)+\lambda(x+2y-1)(x-2y+m)=0. \quad ②$$

这样的选择有一个好处，就是方程中不出现 xy 之项。将②整理得
$$(1+\lambda)x^2+(2-4\lambda)y^2+\lambda(m-1)x+2\lambda(m+1)y-m\lambda-2=0 \quad ③$$

为使③得到圆的方程，定有
$$1+\lambda=2-4\lambda, \quad 5\lambda=1, \quad \lambda=\frac{1}{5}.$$

代入③，得到
$$6x^2+6y^2+(m-1)x+2(m+1)y-m-10=0. \quad ④$$

为使所得圆过点 A(2,2)，将点 A 坐标代入④，得到
$$48+2(m-1)+4(m+1)-m-10=0.$$
$$5m+40=0, \quad m=-8.$$

将 $m=-8$ 代入④，即得所求的方程为
$$6x^2+6y^2-9x-14y-2=0.$$

4. 已知抛物线 $y = x^2 + (2m+1)x + m^2 - 1$，求证：

(i) 不论 m 为何值，抛物线的顶点在同一直线 l 上；

(ii) 任一条平行于 l 且与抛物线相交的直线被此抛物线截得的弦长为定长。（《广东高中数学》416页例1）

证 (i) 抛物线方程可以改写成

$$y + m + \frac{5}{4} = \left(x + m + \frac{1}{2}\right)^2. \quad ①$$

故此抛物线的顶点坐标为

$$x = -m - \frac{1}{2}, \quad y = -\frac{5}{4} - m. \quad ②$$

从②中两式中消去 m，即得

$$x - y = \frac{3}{4}, \quad x - y - \frac{3}{4} = 0. \quad ③$$

③就是抛物线的顶点满足的直线 l 的方程，即抛物线①不受参数 m 的影响，总在直线 l 上，l 的方程即为③。

(ii) 设 $l' \parallel l$，于是由平行直线系的方程知 l' 的方程可以写成

$$x - y + b = 0.$$

将 $y = x + b$ 代入①，得到

$$x + b + m + \frac{5}{4} = \left(x + m + \frac{1}{2}\right)^2 = x^2 + 2mx + m^2 + x + m + \frac{1}{4}$$

$$x^2 + 2mx + m^2 - b - 1 = 0 \quad ④$$

设方程④的两根为 x_1, x_2，于是由韦达定理有

$$x_1 + x_2 = -2m, \quad x_1 \cdot x_2 = m^2 - b - 1. \quad ⑤$$

于是直线 l' 被抛物线截得的弦长为

$$\sqrt{(x_2 - x_1)^2 + (y_2 - y_1)^2} = \sqrt{2(x_2 - x_1)^2} = \sqrt{2}\sqrt{(x_2 + x_1)^2 - 4x_1 x_2}$$

$$= \sqrt{2}\sqrt{4m^2 - 4(m^2 - b - 1)} = 2\sqrt{2}\sqrt{b+1}.$$

这显然与 m 无关。

例5 求过两点 $A(0,2)$ 和 $B(3,1)$ 且与 x 轴相切的圆的方程.

解 首先写出过 A 和 B 的圆系方程

$$(x-x_1)(x-x_2)+(y-y_1)(y-y_2)+\lambda[(x-x_1)(y_2-y_1)-(y-y_1)(x_2-x_1)]=0.$$

代入 A、B 两点的坐标,得到方程 〖从圆系方程入手〗

$$(x-0)(x-3)+(y-2)(y-1)+\lambda[(x-0)(1-2)-(y-2)(3-0)]=0.$$

$$x^2-3x+y^2-3y+2+\lambda(-x-3y+6)=0$$

$$x^2+y^2-(3+\lambda)x-(3+3\lambda)y+(6\lambda+2)=0 \qquad ①$$

与 x 轴方程 $y=0$ 联立有

$$x^2-(3+\lambda)x+(6\lambda+2)=0 \qquad ②$$

因为圆①与 y 轴相切,故方程②应有唯一解,这时应有

$$\Delta=(3+\lambda)^2-4(6\lambda+2)=0$$

$$\lambda^2-18\lambda+1=0, \quad (\lambda-9)^2-80=0 \qquad ③$$

解③得到 $\lambda=9\pm4\sqrt{5}$,代入①,最后得到所求的方程为

$$x^2+y^2-(12\pm4\sqrt{5})x-(30\pm12\sqrt{5})y+56\pm24\sqrt{5}=0 \qquad ④$$

④中正负号表示所求的圆的方程有两个,这也符合几何上的观察结果,即左、右各1个圆.

例 6 已知直线 $l: y=x$ 与 $\odot C: x^2+(y-1)^2=1$ 交于两点 A 和 B, 求过两点 A 和 B 且与直线 $x+y=4$ 相切的圆的方程.

解 设先写出过 A、B 两点的圆系方程为
$$x^2+y^2-2y+\lambda(y-x)=0$$
$$x^2+y^2-\lambda x+(\lambda-2)y=0 \qquad ①$$

从圆系方程入手

将①与直线 $x+y=4$ 联立, 得到
$$x^2+(4-x)^2-\lambda x+(\lambda-2)(4-x)=0$$
$$x^2+x^2-8x+16-\lambda x+4\lambda-8-\lambda x+2x=0$$
$$2x^2-(2\lambda+6)x+4\lambda+8=0$$
$$x^2-(\lambda+3)x+2\lambda+4=0. \qquad ②$$

圆①与直线 $x+y=4$ 相切, 方程②应有唯一解, 应又应有
$$\Delta=(\lambda+3)^2-4(2\lambda+4)=0,$$
$$\lambda^2+6\lambda+9-8\lambda-16=0,$$
$$\lambda^2-2\lambda-7=0,$$
$$(\lambda-1)^2-8=0.$$

解得 $\lambda=1\pm 2\sqrt{2}$. 将 λ 的值代入①式, 即得所求的圆的方程为
$$x^2+y^2-(1\pm 2\sqrt{2})x+(-1\pm\sqrt{2})y=0. \qquad ③$$

③中的正负号表示满足要求的圆有两个.

7. 就 k 的取值讨论曲线系
$$(k-1)x^2+(2-k)y^2=k \qquad ①$$
中曲线的形状。 (《广东高中数学》418页例5)

解 易知，k 为任意实数且 k 值的几个特殊点为 $k=0,1,2$。以下就 k 的取值范围分别讨论：

(1) 当 $k<0$ 时，$k-1<0$，$2-k>0$，曲线为中心在原点、焦点在 x 轴上的双曲线。

(2) 当 $k=0$ 时，①式化为
$$-x^2+2y^2=0, \quad (\sqrt{2}y+x)(\sqrt{2}y-x)=0.$$
表示两条相交于原点的直线。

(3) 当 $0<k<1$ 时，$k-1<0$，$2-k>0$，曲线为中心在原点、焦点在 y 轴上的双曲线。

(4) 当 $k=1$ 时，①式化为
$$y^2=1, \quad y=\pm1.$$
表示两条平行于 x 轴的平行线。

(5) 当 $1<k<2$ 时，$k-1>0$，$2-k>0$。

(i) $1<k<\frac{3}{2}$ 时，曲线为中心在原点、焦点在 x 轴上的椭圆。

(ii) $k=\frac{3}{2}$ 时，$k-1=\frac{1}{2}=2-k$，曲线为圆。

(iii) $\frac{3}{2}<k<2$ 时，$k-1>\frac{1}{2}>2-k$，曲线为中心在原点、焦点在 y 轴上的椭圆。

(6) 当 $k=2$ 时，①式化为
$$x^2=2, \quad x=\pm\sqrt{2}.$$

曲线方程①表示两条平行于y轴的平行线.

(7) 当$k>2$时，$k-1>0$，$2-k<0$. 曲线为中心在原点，焦点在x轴上的双曲线.

注 先求出k的取值范围和若干分界点，可以使分类讨论条理清楚，论述严密.

8. 求长轴平行于x轴,长短轴之比为2:1且与抛物线 $y^2=2x$ 相切于点A(2,2)并经过点B(2,1)的椭圆C的方程。

(《广东高中数学》418页例6)

解 设点A为端点椭圆方程为
$$(x-2)^2+k(y-2)^2=0, \quad k>0.$$

从椭圆系方程入手 待定系数法

于是可设所求椭圆C的方程为
$$(x-2)^2+k(y-2)^2+\lambda(y^2-2x)=0.$$
$$x^2-4x+4+ky^2-4ky+4k+\lambda y^2-2\lambda x=0$$
$$x^2+(k+\lambda)y^2-(4+2\lambda)x-4ky+4(k+1)=0 \quad ①$$

为使长短轴之比为2:1,应有
$$\sqrt{k+\lambda}:1=2:1, \quad k+\lambda=4. \quad ②$$

又因 $B\in C$,所以有
$$4+(k+\lambda)-2(4+2\lambda)-4k+4(k+1)=0.$$
$$k-3\lambda=0. \quad ③$$

② 和 ③ 联立,得到 $\lambda=1, k=3$. 将 λ, k 的值代入①,得到椭圆 C 的方程为
$$x^2+4y^2-6x-12y+16=0 \quad ④$$

注 这里设点A为端点椭圆,有利用于与抛物线共同构造相切于点A的椭圆系.

9. 已知椭圆 $C_1: x^2+9y^2-45=0$ 和 $C_2: x^2+9y^2-6x-27=0$, 求经过 C_1 与 C_2 的交点且与直线 $\ell: x-2y+11=0$ 相切的二次曲线 C 的方程. （《广东高中数学》419页例9）

解 过椭圆 C_1 和 C_2 交点的曲线系方程为   从曲线系方程入手
$$x^2+9y^2-6x-27+\lambda(x^2+9y^2-45)=0$$ 待定系数法
$$(1+\lambda)x^2+9(1+\lambda)y^2-6x-27-45\lambda=0 \quad ①$$

为求①中与直线 $\ell: x-2y+11=0$ 相切的一条, 将 $x=2y-11$ 代入①得到
$$(1+\lambda)(2y-11)^2+9(1+\lambda)y^2-6(2y-11)-27-45\lambda=0$$
$$13(1+\lambda)y^2-(56+44\lambda)y+160+76\lambda=0 \quad ②$$

由直线 ℓ 与曲线 C 相切条件有
$$0=\Delta=(56+44\lambda)^2-52(1+\lambda)(160+76\lambda)$$
$$=3136+4928\lambda+1936\lambda^2-8320-8320\lambda$$
$$-3952\lambda-3952\lambda^2$$
$$=-2016\lambda^2-7344\lambda-5184.$$

$$2016\lambda^2+7344\lambda+5184=0$$
$$504\lambda^2+1836\lambda+1296=0$$
$$126\lambda^2+459\lambda+324=0$$
$$14\lambda^2+51\lambda+36=0. \qquad \lambda=\frac{-51\pm 3\sqrt{65}}{28}.$$

将 λ 值代入①, 得到二次曲线 C 的方程为
$$\frac{-23\pm 3\sqrt{65}}{28}x^2+\frac{9}{28}(-23\pm 3\sqrt{65})y^2+6x+\frac{1}{28}(1539\mp 3\sqrt{65})=0.$$

10. 在平面上给定两点 P_1、P_2 及椭圆 C，过点 P_1 作椭圆 C 的两条切线，切点分别为 Q_1、R_1，过点 P_2 作椭圆 C 的两条切线，切点分别为 Q_2、R_2，求证 $P_1, Q_1, R_1, P_2, Q_2, R_2$ 这 6 点共一条二次曲线。

(《广东高中数学》418及例7)

引理 过点 $P_1(x_1, y_1)$ 作椭圆 $C: ax^2 + by^2 = 1$ 的两条切线，切点分别为 Q_1、R_1，则直线 Q_1R_1 的方程为 $ax_1x + by_1y - 1 = 0$.

引理之证 设 $Q_1(x_0, y_0)$，$R_1(x_0', y_0')$. 于是椭圆 C 过 Q_1、R_1 的切线方程分别为

$$ax_0x + by_0y = 1, \quad ax_0'x + by_0'y = 1. \quad \text{①}$$

[辅助命题]

且两条直线的交点为 (x_1, y_1)，即点 P_1，当然有

$$ax_0x_1 + by_0y_1 = 1, \quad ax_0'x_1 + by_0'y_1 = 1. \quad \text{②}$$

② 中两式相减，得

$$a(x_0' - x_0)x_1 + b(y_0' - y_0)y_1 = 0.$$

从而有

$$\frac{y_0' - y_0}{x_0' - x_0} = -\frac{ax_1}{by_1} = k_{Q_1R_1}.$$

所以直线 Q_1R_1 的方程为

$$y - y_0 = \frac{y_0' - y_0}{x_0' - x_0}(x - x_0) = -\frac{ax_1}{by_1}(x - x_0).$$

$$by_1(y - y_0) + ax_1(x - x_0) = 0$$

$$by_1y + ax_1x = by_1y_0 + ax_1x_0 = 1.$$

引理证毕。

原题之证 设椭圆方程为 $ax^2 + by^2 = 1$，$P_1(x_1, y_1)$，$P_2(x_2, y_2)$. 于是 Q_1R_1，Q_2R_2 的直线方程分别为

$$ax_1x + by_1y = 1, \quad ax_2x + by_2y = 1. \quad ③$$

于是过 Q_1, R_1, Q_2, R_2 四点的二次曲线系方程为

$$(ax_1x + by_1y - 1)(ax_2x + by_2y - 1) + \lambda(ax^2 + by^2 - 1) = 0. \quad ④$$

不难看出，为使 $P_1(x_1, y_1)$ 满足方程④，应取

$$\lambda = -(ax_1x_2 + by_1y_2 - 1).$$

（从曲线系方程入手）

将 λ 值代入④，得到过 P_1, Q_1, R_1, Q_2, R_2 的二次曲线方程

$$(ax_1x + by_1y - 1)(ax_2x + by_2y - 1) - (ax_1x_2 + by_1y_2 - 1)(ax^2 + by^2 - 1) = 0. \quad ⑤$$

由对称性可知，$P_2(x_2, y_2)$ 也满足方程⑤，从而 $P_1, Q_1, R_1, P_2, Q_2, R_2$ 六点共二次曲线⑤．

11. 已知 $x^2+y^2-6x-6y+17 \leq 0$，求 $\frac{y}{x}$ 的最大值和最小值.

解 已知的不等式等价于

$$(x-3)^2+(y-3)^2 \leq 1. \quad ①$$

这是一个以 $(3,3)$ 为圆心，以 1 为半径的圆面. 令 $\frac{y}{x}=k$, 于是 $y=kx$, 求 k 的最小值和最大值. $y=kx$ 表示过原点的直线束（y 轴除外）.

为使直线 $y=kx$ 与 ① 所确定的圆面有公共点，只要求出也属于小圆 ① 的两条切线. 为此，将 $y=kx$ 代入 ① 式

$$(x-3)^2+(kx-3)^2=1$$
$$(1+k^2)x^2-6(1+k)x+17=0 \quad ②$$

为使 ② 有唯一解，必有

$$0=\Delta=36(1+k)^2-4\times 17\times(1+k^2)$$
$$=36+72k+36k^2-68-68k^2$$
$$=-32k^2+72k-32.$$

$$4k^2-9k+4=0.$$

解得

$$k=\frac{9\pm\sqrt{81-64}}{8}=\frac{9\pm\sqrt{17}}{8}.$$

所以，$\frac{y}{x}$ 的最大值为 $\frac{1}{8}(9+\sqrt{17})$, 最小值为 $\frac{1}{8}(9-\sqrt{17})$.

（《广东高中数学》420页习题6）

12. 求与双曲线 $\frac{x^2}{16}-\frac{y^2}{4}=1$ 共渐近线且与直线 $x-y-1=0$ 相切的双曲线方程。   (《广东省中教学》419页习题2)

解 与双曲线 $\frac{x^2}{16}-\frac{y^2}{4}=1$ 共渐近线的双曲线系方程为

$$\frac{x^2}{16}-\frac{y^2}{4}=\lambda.$$ ①   从双曲线系方程入手

将①变形为

$$x^2-4y^2-16\lambda=0$$ ①'

为从①'中选出一条双曲线与直线 $x-y-1=0$ 相切,将 $x=y+1$ 代入①'得

$$(y+1)^2-4y^2-16\lambda=0,$$
$$y^2+2y+1-4y^2-16\lambda=0,$$
$$3y^2-2y+16\lambda-1=0$$ ②

为使②式有唯一解,必有

$$0=\Delta=4-12(16\lambda-1)=-192\lambda+16$$
$$192\lambda=16$$

解得 $\lambda=\frac{1}{12}$,将此 λ 的值代入①,即得所求的双曲线的方程为

$$\frac{x^2}{16}-\frac{y^2}{4}=\frac{1}{12},$$
$$\frac{x^2}{4}-y^2=\frac{1}{3}. \qquad 3x^2-12y^2=4.$$

13. 向以原点为心,半径为1的⊙O和另外一个⊙B引的切线长相等的点在直线 $3x+4y-5=0$ 上,求圆心B的轨迹方程。

（《广东三中数学》420页习题10）

解 这就是说,⊙O与⊙B以直线 $3x+4y-5=0$ 为根轴,求圆B的轨迹方程。当然用到共轴圆系的方程

$$(x^2+y^2-1)+\lambda(3x+4y-5)=0$$
$$x^2+3\lambda x+y^2+4\lambda y-(5\lambda+1)=0$$
$$(x+\tfrac{3\lambda}{2})^2+(y+2\lambda)^2-(\tfrac{25}{4}\lambda^2+5\lambda+1)=0.$$

其中圆心B的坐标为

$$x_B=-\tfrac{3}{2}\lambda,\quad y_B=-2\lambda.$$
$$2x_B=-3\lambda,\quad y_B=-2\lambda.$$
$$4x_B=-6\lambda,\quad 3y_B=-6\lambda.$$
$$\therefore 4x_B=3y_B,$$

即点B的轨迹方程为

$$4x-3y=0,\quad (x,y)\neq(0,0).$$

注 ⊙O与⊙B的连心线与根轴 $3x+4y-5=0$ 垂直且过原点O。所以,连心线的方程为

$$y=\tfrac{4}{3}x,\quad 4x-3y=0,\quad (x,y)\neq(0,0).$$

这是弄巧成拙的一道题,当然也好。

例14 已知 $l_1: 2x+y=1$, $l_2: y+x=-2$ 及 l_2 上一点 $A(-1,-1)$，求与两条直线都相切且与 l_2 切于点 A 的圆的方程。

解 首先写出与直线 l_2 切于点 A 的圆系方程：
$$(x+1)^2+(y+1)^2+\lambda(x+y+2)=0 \qquad ①$$

将①与 l_1 的方程联立，求出使联立方程组只有唯一解的 λ：

$$\begin{cases}(x+1)^2+(y+1)^2+\lambda(x+y+2)=0 \\ 2x+y=+1, \quad y=1-2x\end{cases} \qquad ②$$

$$(x+1)^2+4(1-x)^2+\lambda(3-x)=0$$

$$x^2+2x+1+4-8x+4x^2+3\lambda-\lambda x=0$$

$$5x^2-(6+\lambda)x+(5+3\lambda)=0$$

为使联立方程组②有唯一解，必有
$$0=\Delta=(6+\lambda)^2-20(5+3\lambda)$$

$$\lambda^2+12\lambda+36-100-60\lambda=0$$

$$\lambda^2-48\lambda-64=0$$

$$\lambda=\tfrac{1}{2}(48\pm\sqrt{48^2+256})=24\pm\tfrac{1}{2}\sqrt{2560}=24\pm 8\sqrt{10}. \qquad ③$$

将③代入①，得到圆的方程为
$$(x+1)^2+(y+1)^2+(24\pm 8\sqrt{10})(x+y+2)=0$$

$$x^2+2x+1+y^2+2y+1+(24\pm 8\sqrt{10})(x+y)+16(3\pm\sqrt{10})=0$$

$$x^2+y^2+(26\pm 8\sqrt{10})x+(26\pm 8\sqrt{10})y+(50\pm 16\sqrt{10})=0.$$

注 这道题不好！可用平几法直接作出圆。

※15. 求与椭圆 $x^2+2y^2=3$ (C) 外切于点 $(-1,-1)$ (A) 且与直线 $x+y=-5$ 相切的圆的方程。

解 首先注意，椭圆 C 的过点 A 的切线方程为
$$-x-2y=3, \quad x+2y+3=0. \quad ①$$

故，与椭圆 C 切于点 A 的圆系即为与直线①切于点 A 的圆系
$$(x+1)^2+(y+1)^2+\lambda(x+2y+3)=0 \quad ②$$

将圆系方程②与直线方程 $x+y+5=0$ 联立
$$\begin{cases} ② \\ x+y+5=0 \end{cases} \quad ③$$

【从圆系方程入手 待定系数法】

再将 $y=-x-5=-(x+5)$ 代入②，得到
$$(x+1)^2+(x+4)^2+\lambda(-x-7)=0$$
$$x^2+2x+1+x^2+8x+16-\lambda x-7\lambda=0$$
$$2x^2+(10-\lambda)x+(17-7\lambda)=0 \quad ④$$

为使④式只有唯一解，必有
$$0=\Delta=(10-\lambda)^2-8(17-7\lambda)$$
$$100-20\lambda+\lambda^2-136+56\lambda=0$$
$$\lambda^2+36\lambda-36=0$$
$$\lambda=\tfrac{1}{2}(-36\pm\sqrt{36^2+4\times 36})=\tfrac{1}{2}(-36\pm 6\sqrt{40})=-18\pm 6\sqrt{10} \quad ⑤$$

因为 $6\sqrt{10}>18$，所以，若⑤中减号成立，则代入②后得到的圆心位于上半平面，与椭圆外切和与直线③相切不能同时成立。舍去。所以，将 $\lambda=-18+6\sqrt{10}>0$ 代入②，即得所求的圆的方程为
$$(x+1)^2+(y+1)^2+(-18+6\sqrt{10})(x+2y+3)=0$$

$$x^2+2x+1+y^2+2y+1+(-18+6\sqrt{10})(x+2y)+3(-18+6\sqrt{10})=0$$
$$x^2+y^2+(-16+6\sqrt{10})x+2(-17+6\sqrt{10})y+18(-3+\sqrt{10})=0.$$

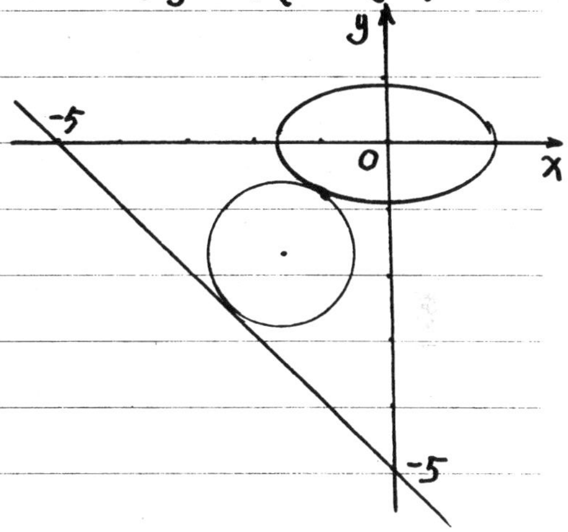

16. 如图，AB和CD是椭圆 $\dfrac{x^2}{a^2}+\dfrac{y^2}{b^2}=1$ 的两条相交弦且使 $\angle 1=\angle 2$，求证 A、B、C、D 四点共圆。

证 设交点 S 为 (s,t)，于是直线 AB 和 CD 的方程为
$$y-t=k(x-s),$$
$$y-t=-k(x-s).$$
$$y-kx+ks-t=0,\quad y+kx-ks-t=0. \quad ①$$

于是过 A、B、C、D 4 点的二次曲线系的方程为
$$(b^2x^2+a^2y^2-a^2b^2)+\lambda(y-kx+ks-t)(y+kx-ks-t)=0 \quad ②$$

为证 A、B、C、D 四点共圆，只须证明二次曲线系②中有一条曲线是圆，这时 x^2 与 y^2 的系数相等，即有
$$b^2-\lambda k^2=a^2+\lambda$$
$$b^2-a^2=\lambda(k^2+1),\quad \lambda=\dfrac{k^2+1}{b^2-a^2}. \quad ③$$

这表明 $\lambda=\dfrac{k^2+1}{b^2-a^2}$ 时，②所代表的曲线为圆，所以 A、B、C、D 四点共圆。

注 由证明过程可见，交点 S 在椭圆之外时，同样的结论照样成立，这时相当于割线定理。

17 4条直线
$$l_1(x,y) \equiv x+3y-15=0, \quad l_2(x,y) \equiv kx-y-6=0,$$
$$l_3(x,y) \equiv x+5y=0, \quad l_4(x,y) \equiv y=0$$

围成一个四边形，问 k 为何值时，该四边形有外接圆？求此外接圆的方程。 (《北大题词篇》291页例5)

解 设过4条已知直线所围成的四边形的4个顶点的二次曲线系方程 待定系数法

$$\lambda l_1(x,y) \cdot l_3(x,y) + \mu l_2(x,y) l_4(x,y) = 0,$$

即有

$$\lambda(x+3y-15)(x+5y) + \mu(kx-y-6)y = 0,$$
$$\lambda x^2 + (8\lambda+k\mu)xy + (15\lambda-\mu)y^2 - 15\lambda x + (75\lambda+6\mu)y = 0. \quad ①$$

为使 ① 为圆的方程，定有

$$\begin{cases} \lambda = 15\lambda-\mu \\ 8\lambda+k\mu = 0 \end{cases} \quad ②$$

$$\begin{cases} 14\lambda-\mu = 0 \\ 8\lambda+k\mu = 0 \end{cases} \quad ②'$$

取 $\lambda=1$，于是 $\mu=14$，$k=-\dfrac{4}{7}$，代入①式，得到外接圆方程为

$$x^2+y^2-15x-159y=0 \quad ③$$

所以，当 $k=-\dfrac{4}{7}$ 时，所求的外接圆存在，其方程为③式。

18 过 ▱ABCD 的顶点 C 作 $CF \perp AD$ 于点 F，作 $CE \perp AB$ 于点 E. 直线 $EF \cap BD = P$，求证 $\angle ACP = 90°$. (《解析几何技巧》40页例4)

证 取以点 C 为原点的直角坐标系，BC 为 x 轴，于是可设
$B(-b, 0)$，$D(d, h)$
$A(d-b, h)$，$F(0, h)$

直线 AB 的方程为
$$y = \frac{h}{d}(x+b), \quad hx - dy + hb = 0. \quad ①$$

可以直线 CE 的方程为
$$y = -\frac{d}{h}x \qquad dx + hy = 0 \quad ②$$

将直线 AB 和 EC 视为交于点 E 的直线束中的两条，现要从中寻求一条过点 F 的直线 EF：
$$hx - dy + hb + \lambda(dx + hy) = 0 \quad ③$$
$$(h + \lambda d)x + (\lambda h - d)y = -bh. \quad ③'$$

当 $x = 0$ 时，$y = h$，于是应有
$$\lambda h - d = -b, \quad \lambda = \frac{d-b}{h}.$$

将 λ 之值代入 ③'
$$(h + \frac{d(d-b)}{h})x - by = -bh$$
$$(h^2 + d^2 - bd)x - bhy = -bh^2. \quad ④$$

这就是 EF 的直线方程. 直线 BD 的直线方程为
$$y = \frac{h}{d+b}(x+b), \quad hx - (b+d)y + bh = 0. \quad ⑤$$

将 ④ 和 ⑤ 视为交于点 P 的直线束中的两条，寻求其中过点 C 的

一条,即为直线PC的方程.这只要从④和⑤出发消去常数项即可. ④ - ⑤×h,有
$$a(a-b)x + ahy = 0. \quad (a-b)x + hy = 0. \quad k_{CP} = \frac{a-b}{-h}.$$
又因 $k_{AC} = \frac{h}{a-b}$,所以 $k_{AC} \cdot k_{CP} = -1$.所以 $\angle ACP = 90°$.

注 若将图形画成右图,证明过程完全类似,还是取以C为原点,CD为X轴的直角坐标系.区别仅仅在于这时点E为(0, h),而点F需要计算直线BD中点与过点E的一条直线EF.

19 试证抛物线上任取4点为顶点所构成的四边形都不可能是平行四边形. （《湖南几何》291页例7）

证 我们来证明本题的等价命题，即它的逆否命题：过平行四边形的4个顶点的二次曲线都不是抛物线.

设 $A_ix+B_iy+C_i=0$，$A_i'x+B_i'y+C_i'=0$ $(i=1,2)$ 分别为一个平行四边形的两组对边所在直线的方程. 于是过其4个顶点的二次曲线系的方程为 （等价命题 + 从二次曲线系方程入手）

$$(Ax+By+C_1)(Ax+By+C_2)+\lambda(A'x+B'y+C_1')(A'x+B'y+C_2')=0.$$

注意，其中 x^2 的系数为 $A^2+\lambda A'^2$，y^2 的系数为 $B^2+\lambda B'^2$，xy 的系数为 $2(AB+\lambda A'B')$. 这时，判别式

$$\delta=(A^2+\lambda A'^2)(B^2+\lambda B'^2)-(AB+\lambda A'B')^2$$
$$=A^2B^2+\lambda A^2B'^2+\lambda A'^2B^2+\lambda^2A'^2B'^2-A^2B^2-2\lambda ABA'B'-\lambda^2A'^2B'^2$$
$$=\lambda A^2B'^2+\lambda A'^2B^2-2\lambda ABA'B'=\lambda(AB'-A'B)^2.$$

因为 $\lambda\neq 0$ 且由两组边彼此相交知 $\dfrac{A'}{A}\neq\dfrac{B'}{B}$，故 $\delta\neq 0$. 说明二次曲线系中的任何一个方程都不表示抛物线.

注 对于一般二次曲线方程
$$Ax^2+2Bxy+Cy^2+Dx+Ey+F=0,$$
称 $\delta=AC-B^2=\begin{vmatrix}A&B\\B&C\end{vmatrix}$ 为它的判别式，$\delta>0$ 为椭圆型，$\delta=0$ 为抛物型，$\delta<0$ 为双曲型.

十九 解析几何难题选讲

1. 设双曲线 $C: (1-a^2)x^2+a^2y^2=a^2$ $(a>1)$，设其上支的顶点为 A 且上支与直线 $y=-x$ 交于点 P，一条以 A 为焦点，$M(0,m)$ 为顶点开口方向向下的抛物线通过点 P 且 PM 的斜率为 k，$\frac{1}{4} \leq k \leq \frac{1}{3}$，求实数 a 的取值范围。   (《长师一中(下)》105页例13)

解 将双曲线 C 的方程化成标准形：

$$y^2-\frac{x^2}{\frac{a^2}{a^2-1}}=1. \qquad ①$$

因为 $a>1$，故 $\frac{a^2}{a^2-1}>0$，所以 $A(0,1)$。从而以 A 为焦点，$M(0,m)$ 为顶点且开口向下的抛物线方程为：

$$x^2=-4(m-1)(y-m). \qquad ②$$

按题意，点 P 满足联立方程组：

$$\begin{cases}(1-a^2)x^2+a^2y^2=a^2, & y\geq 1 \\ y=-x.\end{cases} \qquad ③$$

由③解得 $P(-a,a)$；又因点 P 在抛物线上，所以由②有

$$a^2=-4(m-1)(a-m). \qquad ④$$

直线 MP 的斜率为 $k=\frac{m-a}{a}$，所以 $m=ka+a$，代入④式得

$$a^2=+4(ka+a-1)ka,$$
$$a^2=4k^2a^2+4ka^2-4ka$$
$$a(4k^2+4k-1)=4k$$
$$a=\frac{4k}{4k^2+4k-1}=\frac{1}{k+1-\frac{1}{4k}} \qquad ⑤$$

⑤式表明，a 为 k 的函数，且定义域为 $[\frac{1}{4},\frac{1}{3}]$，求值域。

[从求解相关函数入手]

$$f'(k) = 1 + \frac{1}{4k^2} > 0, f(k) \text{ 严增}.$$

令 $f(k) = k+1-\frac{1}{4k}$, 于是由 $k \in [\frac{1}{4}, \frac{1}{3}]$ 可得

$$\frac{1}{4} = \frac{1}{4}+1-1 \leq k+1-\frac{1}{4k} \leq \frac{1}{3}+1-\frac{3}{4} = \frac{7}{12}.$$

所以, 由 ⑤ 知 a 的取值范围为 $[\frac{12}{7}, 4]$.

证 ⑤ 式表明, a 为 k 的可导函数, 定义域为 $\frac{1}{4} \leq k \leq \frac{1}{3}$, 于是仅须求函数 $a(k)$ 的值域.

$$a'(k) = \left(\frac{4k}{4k^2+4k-1}\right)' = \frac{4(4k^2+4k-1) - 4k(8k+4)}{(4k^2+4k-1)^2}$$

$$= \frac{16k^2+16k-4-32k^2-16k}{(4k^2+4k-1)^2}$$

$$= \frac{-16k^2-4}{(4k^2+4k-1)^2} < 0.$$

故知函数 $a(k)$ 在 $[\frac{1}{4}, \frac{1}{3}]$ 上严格递减, 从而有

$$\frac{12}{7} = a(\frac{1}{3}) \leq a \leq a(\frac{1}{4}) = 4. \quad \boxed{\text{求导判定函数单调性}}$$

即 a 的取值范围为 $[\frac{12}{7}, 4]$.

2. 给定抛物线 $C_1: x^2=4(y-1)$ 和圆 $C_2: x^2+(y+1)^2=1$,过抛物线上一点 M 作 $\odot C_2$ 的两条切线分别交抛物线的准线于两点 A、B,求 |AB| 的取值范围. (《长水一中(T.)》106页例4)

解 由已知条件知,抛物线 C_1 的准线方程为 $y=0$,即 x 轴. 故点 A 和 B 都在 x 轴上.

设抛物线 C_1 上的点 M 为 (x_0, y_0).

又设点 A 的坐标为 $(a, 0)$. 当 $x_0 \neq a$ 时,切线 MA 的方程为
$$y=\frac{y_0}{x_0-a}(x-a), \quad y_0 x-(x_0-a)y-ay_0=0. \quad ①$$

当 $x_0=a$ 时,点 $M(x_0, y_0)$ 与 $A(a, 0)$ 也都满足方程①,所以切线 MA 的方程也是①.

因为 MA 为 $\odot C_2$ 的切线,所以圆心 C 到直线 MA 的距离等于 1. 即有
$$\frac{|x_0-a-ay_0|}{\sqrt{y_0^2+(x_0-a)^2}}=1, \quad (y_0+2)a^2-2x_0 a-y_0=0. \quad ②$$

因为 $y_0 \geq 1$,所以 $y_0+2 \geq 3$. 设 $A(a_1, 0)$ 和 $B(a_2, 0)$ 为过点 M 的 $\odot C_2$ 的两条切线与 x 轴的交点,则 a_1, a_2 为方程②的两个根. 由韦达定理有

$$a_1+a_2=\frac{2x_0}{y_0+2}, \quad a_1 a_2=-\frac{y_0}{y_0+2}.$$

先求 |AB| 之值
再求 |AB| 之最值

由此可得
$$|AB|=|a_1-a_2|=\sqrt{(a_1-a_2)^2}=\sqrt{(a_1+a_2)^2-4a_1 a_2}$$
$$=\sqrt{\frac{4x_0^2}{(y_0+2)^2}+\frac{4y_0}{y_0+2}}=2\sqrt{\frac{x_0^2+y_0^2+2y_0}{(y_0+2)^2}} \quad ③$$

又因点 $M(x_0, y_0)$ 在抛物线 C_1 上，所以 $x_0^2 = 4(y_0-1)$，代入③得

$$|AB| = 2\sqrt{\frac{4y_0 - 4 + y_0^2 + 2y_0}{(y_0+2)^2}} = 2\sqrt{\frac{y_0^2 + 6y_0 - 4}{(y_0+2)^2}} \qquad ③'$$

题目中是求 $|AB|$ 的值域，而关键在于求③'式右端的被开方式的值域。为此，令 【从求相关函数入手】

$$f(y_0) = \frac{y_0^2 + 6y_0 - 4}{(y_0+2)^2} = \frac{(y_0+2)^2 + 2(y_0+2) - 12}{(y_0+2)^2} \qquad ④$$

【配方法】
$$= 1 + \frac{2}{y_0+2} - \frac{12}{(y_0+2)^2} = -12\left[\frac{1}{(y_0+2)^2} - \frac{1}{6} \cdot \frac{1}{y_0+2} + \frac{1}{12^2}\right] + \frac{13}{12}$$

$$= -12\left(\frac{1}{y_0+2} - \frac{1}{12}\right)^2 + \frac{13}{12} \qquad ④$$

因为 $y_0 \in [1, +\infty)$，当 $y_0 = 10$ 时，$f(10) = \frac{13}{12}$ 为最大值。另一方面，$y_0 = 1$ 时，

$$f(1) = -12\left(\frac{1}{3} - \frac{1}{12}\right)^2 \overset{+\frac{13}{12}}{=} -\frac{12}{16} + \frac{13}{12} = -\frac{3}{4} + \frac{13}{12} = \frac{4}{12} = \frac{1}{3}.$$

显然，这是 $f(y_0)$ 的最小值，即 $f(y_0)$ 的值域为 $\left[\frac{1}{3}, \frac{13}{12}\right]$。将此代入③'即得 $|AB|$ 的取值范围为 $\left[\frac{2\sqrt{3}}{3}, \frac{\sqrt{39}}{3}\right]$。

注 ④式表明 $f(y_0)$ 为 y_0 的可导函数且定义域为 $[1, +\infty)$，问题是求 $f(y_0)$ 的值域。

$$f'(y) = \left[\frac{y^2+6y-4}{(y+2)^2}\right]' = \frac{(2y+6)(y+2)^2 - (y^2+6y-4) \cdot 2(y+2)}{(y+2)^4}$$

$$= \frac{(2y+6)(y+2) - 2(y^2+6y-4)}{(y+2)^3} \qquad \boxed{求导法}$$

$$= \frac{2y^2+10y+12-2y^2-12y+8}{(y+2)^3} = \frac{20-2y}{(y+2)^3}.$$

可见，$f'(10)=0$ 为唯一零点，且当 $y<10$ 时，$f'>0$；$y>10$ 时，$f'<0$。所以 $y_0=10$ 时，$f(10)=\frac{156}{144}=\frac{13}{12}$ 为最大值且在 $[1,10]$ 上严格递增，在 $[10,+\infty)$ 上严格递减。

且为 $f(1)=\frac{1}{3}$ 且 $\lim\limits_{y\to +\infty} f(y) = \lim\limits_{y\to +\infty} \frac{y^2+6y-4}{(y+2)^2} = 1$，所以 $f(y)$ 的最小值为 $\frac{1}{3}$。从而 $f(y)$ 的值域为 $[\frac{1}{3}, \frac{13}{12}]$。

求导判定函数的单调性

3. 设曲线 C' 和曲线 $C: y=-x^2+x+2$ 关于点 $P(a,2a)$ 对称.

(i) 求 C' 的方程;

(ii) 若 C 与 C' 有两个不同的交点 A 和 B, 设直线 AB 的斜率为 k, 求 a 和 k 的取值范围. (《长沙一中(下)》108页例5)

解 (i) 设点 (x,y) 为 C' 上的任意一点, 它关于点 $P(a,2a)$ 的对称点为 (x',y'). 于是有

$$\begin{cases} y'=-x'^2+x'+2, \\ x+x'=2a, \\ y+y'=4a. \end{cases} \quad ①$$

消去 x', y', 得列

$$x'=2a-x, \quad y'=4a-y$$

$$4a-y=-(2a-x)^2+(2a-x)+2$$

$$=-4a^2+4ax-x^2+2a-x+2.$$

$$y=x^2-(4a-1)x+4a^2+2a+2,$$

此即为曲线 C' 的方程.

(ii) 显然, 点 $A(x_1,y_1)$ 和 $B(x_2,y_2)$ 的坐标是方程组

$$\begin{cases} y=-x^2+x+2, \\ y=x^2-(4a-1)x+4a^2+2a+2 \end{cases} \quad ②$$

的解. 消去 y, 有

$$x^2-2ax+2a^2+a-2=0. \quad ③$$

因为 C 和 C' 有两个不同交点 A 和 B 且 A 和 B 关于点 P 对称, 所以方程 ③ 有两个不同的实根. 于是有

判别式法

$$4a^2 - 4(2a^2+a-2) = \Delta > 0, \quad a^2 - 2a^2 - a + 2 > 0.$$

$$a^2 + a - 2 < 0. \quad (a+2)(a-1) < 0, \quad -2 < a < 1. \quad ④$$

又因 $x_1 + x_2 = 2a$，所以

$$k = \frac{y_2 - y_1}{x_2 - x_1} = \frac{(-x_2^2 + x_2 + 2) - (-x_1^2 + x_1 + 2)}{x_2 - x_1}$$

$$= \frac{-x_2^2 + x_2 + x_1^2 - x_1}{x_2 - x_1} = \frac{(x_1^2 - x_2^2) + (x_2 - x_1)}{x_2 - x_1} = 1 - (x_1 + x_2)$$

$$= 1 - 2a.$$

从求得相关函数入手 ⑤

将④代入⑤，即得 k 的取值范围为 $(-1, 5)$.

所以，所求的 a 和 k 的取值范围分别为 $(-2, 1)$ 和 $(-1, 5)$.

廿 不等式证明中的局部祛

1. 设 a, b, c 为正数，求证
$$a^a b^b c^c \geq (abc)^{\frac{a+b+c}{3}} \quad \text{①} \quad \text{(1974年美国数学奥林匹克)}$$

证1 欲求证之不等式①等价于
$$1 \leq a^a b^b c^c (abc)^{-\frac{a+b+c}{3}} = a^{\frac{2a-b-c}{3}} b^{\frac{2b-c-a}{3}} c^{\frac{2c-a-b}{3}}$$
$$= \left(\frac{a}{b}\right)^{\frac{a-b}{3}} \left(\frac{b}{c}\right)^{\frac{b-c}{3}} \left(\frac{c}{a}\right)^{\frac{c-a}{3}} \quad \text{②}$$

可见，为证①，只须证明②. 由②式左端 3 个因式是对称的，故又只须证明
$$\left(\frac{a}{b}\right)^{\frac{a-b}{3}} \geq 1 \quad \text{③}$$

若 $a \geq b$，则 $\frac{a}{b} \geq 1$, $\frac{1}{3}(a-b) \geq 0$，所以③式成立. 若 $a < b$，则 $\frac{a}{b} < 1$, $\frac{1}{3}(a-b) < 0$. 于是③式也成立. 所以③式恒成立. 从而①式成立.

证2 由对称性不妨设 $a \geq b \geq c > 0$，于是
$$2a-b-c \geq 0, \quad 2c-a-b \leq 0.$$

所以有
$$a^{\frac{2a-b-c}{3}} \geq b^{\frac{2a-b-c}{3}}, \quad c^{\frac{2c-a-b}{3}} \geq b^{\frac{2c-a-b}{3}}.$$

从而有
$$a^{\frac{2a-b-c}{3}} b^{\frac{2b-a-c}{3}} c^{\frac{2c-a-b}{3}} \geq b^{\frac{2a-b-c+2b-a-c+2c-a-b}{3}} = 1.$$

所以①式成立.

2. 设 $a,b,c,d \in R^+$, 求证

$$\frac{a^3+b^3+c^3}{a+b+c} + \frac{b^3+c^3+d^3}{b+c+d} + \frac{c^3+d^3+a^3}{c+d+a} + \frac{d^3+a^3+b^3}{d+a+b} \geq 2(ab+cd) \quad \text{①}$$

证 我们证明更强的不等式并写成对称且可分拆的形式:

$$\frac{a^3+b^3+c^3}{a+b+c} + \frac{b^3+c^3+d^3}{b+c+d} + \frac{c^3+d^3+a^3}{c+d+a} + \frac{d^3+a^3+b^3}{d+a+b} \geq a^2+b^2+c^2+d^2$$

$$= \frac{a^2+b^2+c^2}{3} + \frac{b^2+c^2+d^2}{3} + \frac{c^2+d^2+a^2}{3} + \frac{d^2+a^2+b^2}{3} \quad \text{②}$$

由对称性知, 只须证明

$$\frac{a^3+b^3+c^3}{a+b+c} \geq \frac{a^2+b^2+c^2}{3} \quad \text{③}$$

这又等价于不等式

$$(a+b+c)(a^2+b^2+c^2) \leq 3(a^3+b^3+c^3) \quad \text{④}$$

$$a^2b+a^2c+b^2a+b^2c+c^2a+c^2b \leq 2(a^3+b^3+c^3) \quad \text{⑤}$$

由排序不等式知 ⑤ 成立.

注 还可用幂平均不等式来证明 ④ 式. 由幂平均不等式有

$$\frac{a+b+c}{3} \leq \left(\frac{a^3+b^3+c^3}{3}\right)^{\frac{1}{3}}$$

$$\left(\frac{a^2+b^2+c^2}{3}\right)^{\frac{1}{2}} \leq \left(\frac{a^3+b^3+c^3}{3}\right)^{\frac{1}{3}},$$

二式相乘即得

$$(a+b+c)(a^2+b^2+c^2) = 9 \cdot \frac{a+b+c}{3} \cdot \frac{a^2+b^2+c^2}{3}$$

$$\leq 9 \cdot \left(\frac{a^3+b^3+c^3}{3}\right)^{\frac{1}{3}} \left(\frac{a^3+b^3+c^3}{3}\right)^{\frac{2}{3}} = 3(a^3+b^3+c^3).$$

注2　由柯西不等式有
$$(a^2+b^2+c^2)^2 = (a^{\frac{1}{2}}a^{\frac{3}{2}} + b^{\frac{1}{2}}b^{\frac{3}{2}} + c^{\frac{1}{2}}c^{\frac{3}{2}})^2$$
$$\leq (a+b+c)(a^3+b^3+c^3). \quad ⑥$$

另一方面，又有
$$(a^2+b^2+c^2)^2 \geq (a^2+b^2+c^2)\frac{1}{3}(a^2+b^2+c^2+2ab+2bc+2ca)$$
$$= (a^2+b^2+c^2)\frac{1}{3}(a+b+c)^2. \quad ⑦$$

⑥与⑦结合起来，得到
$$(a+b+c)(a^3+b^3+c^3) \geq \frac{1}{3}(a^2+b^2+c^2)(a+b+c)^2,$$
$$(a+b+c)(a^2+b^2+c^2) \leq 3(a^3+b^3+c^3),$$

即④成立.

3. 设 $x, y, z \in R^+$, 求证

$$\sqrt{\frac{x}{y+z}} + \sqrt{\frac{y}{z+x}} + \sqrt{\frac{z}{x+y}} \geq 2. \quad (《不等式》丛书 73 页) \quad ①$$

证 将此求证的不等式改写成

$$\sqrt{\frac{x}{y+z}} + \sqrt{\frac{y}{z+x}} + \sqrt{\frac{z}{x+y}} \geq \frac{2x}{x+y+z} + \frac{2y}{x+y+z} + \frac{2z}{x+y+z} \quad ②$$

可见,欲证②, 只须证明

$$\sqrt{\frac{x}{y+z}} \geq \frac{2x}{x+y+z}. \quad ③$$

由均值不等式有

$$\sqrt{\frac{x}{y+z}} = \frac{x}{\sqrt{x}\sqrt{y+z}} \geq \frac{x}{\frac{x+y+z}{2}} = \frac{2x}{x+y+z},$$

即④成立. 同理有

$$\sqrt{\frac{y}{z+x}} \geq \frac{2y}{x+y+z}, \quad \sqrt{\frac{z}{x+y}} \geq \frac{2z}{x+y+z}. \quad ④$$

由③和④即得②, 从而①式成立.

4. 设 $0 \leq a, b, c \leq 1$，求证
$$\frac{a}{bc+1} + \frac{b}{ca+1} + \frac{c}{ab+1} \leq 2. \quad ①$$

(《不等式》丛书 74 页例 3)

证 像上题一样，只须证明
$$\frac{a}{bc+1} \leq \frac{2a}{a+b+c}. \quad ②$$
$$a+b+c \leq 2bc+2$$
$$(b-1)(c-1) + bc + 1 \geq a. \quad ③$$

由于 $0 \leq a, b, c \leq 1$，所以 $(b-1)(c-1) + bc \geq 0$，故③成立，从而②成立。同理有
$$\frac{b}{ca+1} \leq \frac{2b}{a+b+c}, \quad \frac{c}{ab+1} \leq \frac{2c}{a+b+c}. \quad ④$$

将②与④中两式相加，即得证①式。

5. 设 $x, y, z > 0$,求证
$$\sqrt{y^2+yz+z^2}+\sqrt{z^2+zx+x^2}+\sqrt{x^2+xy+y^2} \geq 3\sqrt{yz+zx+xy} \quad ①$$

(《三辑》44头)

证明:

$$3(yz+zx+xy) \leq 2yz+2zx+2xy+x^2+y^2+z^2 = (x+y+z)^2,$$

两边开平方,得

$$x+y+z \geq \sqrt{3}\sqrt{yz+zx+xy},$$
$$\sqrt{3}(x+y+z) \geq 3\sqrt{yz+zx+xy}.$$

由此可知,欲证①,只须证明

$$\sqrt{y^2+yz+z^2}+\sqrt{z^2+zx+x^2}+\sqrt{x^2+xy+y^2} \geq \sqrt{3}(x+y+z). \quad ②$$

由②的对称性知,只须证明

$$\sqrt{y^2+yz+z^2} \geq \frac{\sqrt{3}}{2}(y+z). \quad ③$$

$\Leftrightarrow \quad y^2+yz+z^2 \geq \frac{3}{4}(y^2+2yz+z^2)$

$\Leftrightarrow \quad 4y^2+4yz+4z^2 \geq 3y^2+6yz+3z^2$

$\Leftrightarrow \quad y^2+z^2 \geq 2yz. \quad ④$

④式显然成立,所以③成立,②成立,从而①成立。

6. 设 $x, y, z \in \mathbb{R}^+$,求证

$$\frac{xz}{x^2+xz+yz} + \frac{yx}{y^2+yx+zx} + \frac{zy}{z^2+zy+xy} \leq 1. \quad ①$$

(《不等式》丛书 76页例7)

证 因为①式是0次齐次式,故可设 $xyz=1$. 改写①式为

$$\frac{1}{\frac{x}{z}+1+\frac{y}{x}} + \frac{1}{\frac{y}{x}+1+\frac{z}{y}} + \frac{1}{\frac{z}{y}+1+\frac{x}{z}} \leq 1 \quad ②$$

考察函数

$$f(t) = \frac{t}{a} + \frac{b}{t} \geq 2\sqrt{\frac{b}{a}},$$

当 $t=\sqrt{ab}$ 时上式中等号成立,$f(t)$取得最小值,且当 $t \leq \sqrt{ab}$ 时 $f(t)$ 递减;当 $t \geq \sqrt{ab}$ 时 $f(t)$ 递增(严格).

因为 $xyz=1$,设 x,当 $x<1$ 时,$yz>1$;当 $x>1$ 时,$yz<1$.

故有

$$1+\frac{x}{z}+\frac{y}{x} \geq 1+\frac{1}{z}+y = 1+y+xy,$$

$$1+\frac{y}{x}+\frac{z}{y} \geq 1+\frac{1}{x}+z = 1+z+yz, \quad ③$$

$$1+\frac{z}{y}+\frac{x}{z} \geq 1+\frac{1}{y}+x = 1+x+zx.$$

将③代入②,于是只须证明

②式左端 $\leq \dfrac{1}{1+y+xy} + \dfrac{1}{1+z+yz} + \dfrac{1}{1+x+zx}$

$= \dfrac{1}{1+y+xy} + \dfrac{xy}{xy+1+y} + \dfrac{y}{y+xy+1} = 1.$

即②成立,从而①成立.

7 设 $n \geq 3$, $0 < x_1 \leq x_2 \leq \cdots \leq x_n$, 求证

$$\frac{x_1 x_2}{x_3} + \frac{x_2 x_3}{x_4} + \cdots + \frac{x_n x_1}{x_2} \geq x_1 + x_2 + \cdots + x_n. \quad ①$$

(《不等式》丛书77页例8)

证 先证如下的引理.

引理 若 $0 < x \leq y$, $0 < a \leq 1$, 则

$$x + y \leq ax + \frac{y}{a}. \quad ②$$

由 $ax \leq x \leq y$ 可得 $(1-a)(y-ax) \geq 0$, 即

$$y - ay - ax + a^2 x \geq 0, \quad a^2 x + y \geq ax + ay$$

$$x + y \leq ax + \frac{y}{a},$$

即②成立.

回到原不等式的证明. 在②式中取 $\{x, y, a\} = \{x_i, \frac{x_{n-1} \cdot x_{i+1}}{x_2}, \frac{x_{i+1}}{x_{i+2}}\}$, $i = 1, 2, \cdots, n-2$, 得到

$$x_i + \frac{x_{n-1} \cdot x_{i+1}}{x_2} \leq \frac{x_i \cdot x_{i+1}}{x_{i+2}} + \frac{x_{n-1} \cdot x_{i+2}}{x_2}.$$

对 i 从 1 到 $n-2$ 求和, 得到

$$(x_1 + \cdots + x_{n-2}) + \frac{x_{n-1}}{x_2}(x_2 + \cdots + x_{n-1}) \leq \sum_{i=1}^{n-2} \frac{x_i x_{i+1}}{x_{i+2}} + \frac{x_{n-1}}{x_2}(x_3 + \cdots + x_n).$$

$$(x_1 + \cdots + x_{n-2}) + x_{n-1} \leq \sum_{i=1}^{n-2} \frac{x_i x_{i+1}}{x_{i+2}} + \frac{x_{n-1} \cdot x_n}{x_2}. \quad ③$$

再于②中令 $\{x, y, a\} = \{x_n, \frac{x_n \cdot x_{n-1}}{x_2}, \frac{x_1}{x_2}\}$, 得到

$$x_n + \frac{x_n x_{n-1}}{x_2} \leq \frac{x_n x_1}{x_2} + \frac{x_{n-1} x_n}{x_1}. \quad ④$$

③+④即得①式.

8. 数列 $\{a_n\}$ 定义如下:

$$a_1 = \frac{1}{2}, \quad a_n = \frac{2n-3}{2n} a_{n-1}, \quad n = 2, 3, \cdots.$$

求证对所有 $n \in \mathbb{N}^*$, 均有 $a_1 + a_2 + \cdots + a_n < 1$.

证 由定义知所有 a_n 都是正数,当 $n \geq 2$ 时有

$$2n a_n = (2n-3) a_{n-1}. \qquad ①$$

在①式中依次令 $n = 2, 3, \cdots$, 得到

$2 \cdot 2 a_2 = a_1,$ $\qquad\qquad a_2 + 3 a_2 = a_1,$

$2 \cdot 3 a_3 = 3 a_2,$ $\qquad\qquad a_3 + 5 a_3 = 3 a_2,$

$2 \cdot 4 a_4 = 5 a_3,$ $\qquad\qquad a_4 + 7 a_4 = 5 a_3,$

$2 \cdot 5 a_5 = 7 a_4,$ $\qquad\qquad a_5 + 9 a_5 = 7 a_4,$

$\qquad \vdots \qquad\qquad\qquad\qquad \vdots$

$2(n-1) a_{n-1} = (2n-5) a_{n-2},$ $\qquad a_{n-1} + (2n-3) a_{n-1} = (2n-5) a_{n-2},$

$2n a_n = (2n-3) a_{n-1}.$ $\qquad\qquad a_n + (2n-1) a_n = (2n-3) a_{n-1}.$

相加得到

$$a_2 + a_3 + \cdots + a_{n-1} + a_n + (2n-1) a_n = a_1$$

$$a_1 + a_2 + a_3 + \cdots + a_{n-1} + a_n < 2 a_1 = 1.$$

9. 设 $x,y,z \geqslant 0$，求证
$$(y+z-x)(z+x-y)(x+y-z) \leqslant xyz. \quad ①$$

(1983年瑞士)（《华南师大附中数学》227页例8）

证 由对称性不妨设 $x \geqslant y \geqslant z \geqslant 0$，于是 $z+x-y \geqslant 0$，$x+y-z \geqslant 0$。若 $y+z-x < 0$，则①式显然成立。以下设 $y+z-x \geqslant 0$，这时，由均值不等式有

$$\sqrt{(z+x-y)(x+y-z)} \leqslant \frac{z+x-y+x+y-z}{2} = x,$$
$$\sqrt{(x+y-z)(y+z-x)} \leqslant \frac{x+y-z+y+z-x}{2} = y, \quad ②$$
$$\sqrt{(y+z-x)(z+x-y)} \leqslant \frac{y+z-x+z+x-y}{2} = z.$$

②中3式相乘即得①。

10. 设 $0 < p \leq a, b, c, d, e \leq q$，求证

$$(a+b+c+d+e)\left(\frac{1}{a}+\frac{1}{b}+\frac{1}{c}+\frac{1}{d}+\frac{1}{e}\right) \leq 25 + 6\left(\sqrt{\frac{q}{p}} - \sqrt{\frac{p}{q}}\right)^2. \quad ①$$

并问等号何时成立？ (1977年美国数学奥林匹克竞赛题)

证 将①式左端括号展开再结合，有

$$(a+b+c+d+e)\left(\frac{1}{a}+\frac{1}{b}+\frac{1}{c}+\frac{1}{d}+\frac{1}{e}\right)$$

$$= 25 + \left(\frac{b}{a}-2+\frac{a}{b}\right)+\left(\frac{c}{a}-2+\frac{a}{c}\right)+\left(\frac{d}{a}-2+\frac{a}{d}\right)+\left(\frac{e}{a}-2+\frac{a}{e}\right)$$

$$+\left(\frac{c}{b}-2+\frac{b}{c}\right)+\left(\frac{d}{b}-2+\frac{b}{d}\right)+\left(\frac{e}{b}-2+\frac{b}{e}\right)+\left(\frac{d}{c}-2+\frac{c}{d}\right)$$

$$+\left(\frac{e}{c}-2+\frac{c}{e}\right)+\left(\frac{e}{d}-2+\frac{d}{e}\right). \quad ②$$

注意，①和②都是关于 a, b, c, d, e 对称的，故可设 $p \leq a \leq b \leq c \leq d \leq e \leq q$，这样一来，就有

$$\left(\frac{b}{a}-2+\frac{a}{b}\right)+\left(\frac{c}{b}-2+\frac{b}{c}\right)$$

$$= \frac{b-a}{a}+\frac{a-b}{b}+\frac{c-b}{b}+\frac{b-c}{c} \leq \frac{c-a}{a}+\frac{a-c}{c} = \left(\frac{c}{a}-2+\frac{a}{c}\right). \quad ③$$

利用③式这样的不等式，由②可得

$$(a+b+c+d+e)\left(\frac{1}{a}+\frac{1}{b}+\frac{1}{c}+\frac{1}{d}+\frac{1}{e}\right)$$

$$\leq 25 + 3\left[\left(\frac{e}{a}-2+\frac{a}{e}\right)+\left(\frac{d}{a}-2+\frac{a}{d}\right)+\left(\frac{d}{b}-2+\frac{b}{d}\right)+\left(\frac{e}{b}-2+\frac{b}{e}\right)\right]$$

$$\leq 25 + 6\left(\sqrt{\frac{q}{p}}-\sqrt{\frac{p}{q}}\right)^2.$$

不难看出，当且仅当 $a=b=c=p, d=e=q$ 或 $a=b=p, c=d=e=q$ 时，不等式①中等号成立。

11. 设 $a_i, b_i \in [1, 2]$, $i = 1, 2, \cdots, n$ 且 $\sum_{i=1}^{n} a_i^2 = \sum_{i=1}^{n} b_i^2$, 求证

$$\sum_{i=1}^{n} \frac{a_i^3}{b_i} \leq \frac{17}{10} \sum_{i=1}^{n} a_i^2, \qquad ①$$

并求等于成立的充分必要条件. (1998年全国联赛加试二题)

证 由于 $a_i, b_i \in [1, 2]$, 所以

$$\frac{1}{2} \leq \frac{\sqrt{\frac{a_i^3}{b_i}}}{\sqrt{a_i b_i}} = \frac{a_i}{b_i} \leq 2, \quad i = 1, 2, \cdots, n. \qquad ②$$

从而有

$$\left(\frac{1}{2}\sqrt{a_i b_i} - \sqrt{\frac{a_i^3}{b_i}}\right)\left(2\sqrt{a_i b_i} - \sqrt{\frac{a_i^3}{b_i}}\right) \leq 0,$$

$$a_i b_i - \frac{5}{2} a_i^2 + \frac{a_i^3}{b_i} \leq 0, \quad i = 1, 2, \cdots, n. \qquad ③$$

在③式中对 i 从1到 n 求和, 得到

$$\sum_{i=1}^{n} \frac{a_i^3}{b_i} \leq \frac{5}{2} \sum_{i=1}^{n} a_i^2 - \sum_{i=1}^{n} a_i b_i. \qquad ④$$

由②又有

$$\left(\frac{1}{2} b_i - a_i\right)(2 b_i - a_i) \leq 0,$$

$$b_i^2 - \frac{5}{2} a_i b_i + a_i^2 \leq 0,$$

$$a_i b_i \geq \frac{2}{5}(a_i^2 + b_i^2), \quad i = 1, 2, \cdots, n. \qquad ⑤$$

在⑤式对 i 从1到 n 求和, 并注意到 $\sum a_i^2 = \sum b_i^2$, 得到

$$\sum_{i=1}^{n} a_i b_i \geq \frac{2}{5} \sum_{i=1}^{n}(a_i^2 + b_i^2) = \frac{4}{5} \sum_{i=1}^{n} a_i^2. \qquad ⑥$$

将⑥代入④, 即得

$$\sum_{i=1}^{n} \frac{a_i^3}{b_i} \leq \frac{5}{2} \sum_{i=1}^{n} a_i^2 - \frac{4}{5} \sum_{i=1}^{n} a_i^2 = \frac{17}{10} \sum_{i=1}^{n} a_i^2.$$

由证明过程可知，为使①式中等号成立，当且仅当③和⑤中对应项i都成立等号，即有$a_i=1, b_i=2$或者$a_i=2, b_i=1$. 又因$\sum a_i^2 = \sum b_i^2$，所以，①式中等号成立的充分必要条件是n为偶数且$a_1, a_2, \cdots, a_n$中一半是1而另一半是2，且$b_i=3-a_i$, $i=1,2,\cdots,n$.

$$=[(a_1+a_2)+(a_2+a_3)+\cdots+(a_n+a_1)]\left[\frac{a_1^2}{a_1+a_2}+\frac{a_2^2}{a_2+a_3}+\cdots+\frac{a_n^2}{a_n+a_1}\right]$$

$$\geq \sum_{k=1}^{n}\sqrt{a_k+a_{k+1}}\cdot\sqrt{\frac{a_k}{a_k+a_{k+1}}} = \sum_{k=1}^{n}a_k = 1.$$

两端同时除以2即得证故证。

(2007.5.6)

12. 设 $a_i > 0$, $i = 1, 2, \cdots, n$, $a_1 + a_2 + \cdots + a_n = 1$. 求证

$$\frac{a_1^2}{a_1+a_2} + \frac{a_2^2}{a_2+a_3} + \cdots + \frac{a_{n-1}^2}{a_{n-1}+a_n} + \frac{a_n^2}{a_n+a_1} \geq \frac{1}{2}. \quad \text{①}$$

(1990年全美数学奥林匹克)

证 因为

$$\frac{a_1^2 - a_2^2}{a_1+a_2} + \frac{a_2^2 - a_3^2}{a_2+a_3} + \cdots + \frac{a_{n-1}^2 - a_n^2}{a_{n-1}+a_n} + \frac{a_n^2 - a_1^2}{a_n+a_1}$$

$$= (a_1 - a_2) + (a_2 - a_3) + \cdots + (a_{n-1} - a_n) + (a_n - a_1) = 0,$$

从而

$$\frac{a_1^2}{a_1+a_2} + \frac{a_2^2}{a_2+a_3} + \cdots + \frac{a_{n-1}^2}{a_{n-1}+a_n} + \frac{a_n^2}{a_n+a_1}$$

$$= \frac{a_2^2}{a_1+a_2} + \frac{a_3^2}{a_2+a_3} + \cdots + \frac{a_n^2}{a_{n-1}+a_n} + \frac{a_1^2}{a_n+a_1}. \quad \text{②}$$

由②知,不等式①等价于

$$\frac{a_1^2 + a_2^2}{a_1+a_2} + \frac{a_2^2 + a_3^2}{a_2+a_3} + \cdots + \frac{a_{n-1}^2 + a_n^2}{a_{n-1}+a_n} + \frac{a_n^2 + a_1^2}{a_n+a_1} \geq 1. \quad \text{③}$$

∵ $a^2 + b^2 \geq 2ab$, ∴ $a^2 + b^2 \geq \frac{1}{2}(a^2 + b^2 + 2ab) = \frac{1}{2}(a+b)^2$.

∴ $\frac{a^2+b^2}{a+b} \geq \frac{1}{2}(a+b)$. $\frac{a_i^2 + a_{i+1}^2}{a_i + a_{i+1}} \geq \frac{1}{2}(a_i + a_{i+1})$, $i = 1, 2, \cdots, n$.

$a_{n+1} = a_1$

将这n个不等式从1到n求和即得③式,从而①式成立.

证2 由柯西不等式有

$$2\left(\frac{a_1^2}{a_1+a_2} + \frac{a_2^2}{a_2+a_3} + \cdots + \frac{a_{n-1}^2}{a_{n-1}+a_n} + \frac{a_n^2}{a_n+a_1}\right) \quad \text{(下接左页下方)}$$

13. 设 $x_1, x_2, \cdots, x_{2000}$ 都是实数, 满足 $x_i \in [0,1]$, $i=1,2,\cdots,2000$. 定义
$$F_i = \frac{x_i^{2000}}{\sum_{j=1}^{2000} x_j^{3999} + 2000 - x_i^{3999}}$$
求 $\sum_{i=1}^{2000} F_i$ 的最大值, 并证明你的结论. (《浙江赛试题集》69-二题)

解 首先有
$$F_i = \frac{x_i^{2000}}{\sum_{j=1}^{2000} x_j^{3999} + 2000 - x_i^{3999}} \leq \frac{x_i^{2000}}{\sum_{j=1}^{2000} x_j^{3999} + 1999} \quad ①$$

且当 $x_i = 1$ 时等号成立, $i = 1, 2, \cdots, 2000$. 对①从1到2000求和, 得到
$$S = \sum_{i=1}^{2000} F_i \leq \frac{\sum_{i=1}^{2000} x_i^{2000}}{\sum_{j=1}^{2000} x_j^{3999} + 1999} \quad ②$$

当 $x_1 = x_2 = \cdots = x_{2000} = 1$ 时, $S(1) \leq \frac{2000}{3999}$. 下面证明 $S(1)$ 是 S 的最大值, 即证

局部化
函数单调性

$$\sum_{j=1}^{2000} x_j^{2000} \leq \frac{2000}{3999}\left(\sum_{j=1}^{2000} x_j^{3999} + 1999\right),$$

$$2000 \sum_{j=1}^{2000} x_j^{3999} - 3999 \sum_{j=1}^{2000} x_j^{2000} + 2000 \times 1999 \geq 0 \quad ③$$

使用局部化, 只须证明
$$g(x) = 2000 x^{3999} - 3999 x^{2000} + 1999 \geq 0, \quad x \in [0,1] \quad ④$$

注意 $g(1) = 0$ 且

求导数

$$g'(x) = 2000 \times 3999 x^{3998} - 3999 \times 2000 x^{1999}$$
$$= 2000 \times 3999 (x^{3998} - x^{1999}) \leq 0, \quad x \in [0,1].$$

知 $g(x)$ 在 $[0,1]$ 上递减. 从而在 $[0,1]$ 上④式成立, 进而③成立.

又由当 $x_i = 1$ 时且 $x_1 = x_2 = \cdots = x_{2000} = 1$ 时,

$$F_i = \frac{1}{3999}, \quad i = 1, 2, \cdots, 2000.$$

此时有

$$\sum_{i=1}^{2000} F_i = \frac{2000}{3999}, \quad x_1 = x_2 = \cdots = x_{2000} = 1.$$

故知 $\sum F_i$ 的最大值为 $\frac{2000}{3999}$.

原书证明④式时改用求导而不用此分析因式法，显然比较麻烦，使中学化者看之不舒服.

14. 设 $0 < t_1 \leq t_2 \leq \cdots \leq t_n < 1$，求证

$$(1-t_n)^2 \left[\frac{t_1}{(1-t_1^2)^2} + \frac{t_2^2}{(1-t_2^3)^2} + \cdots + \frac{t_n^n}{(1-t_n^{n+1})^2} \right] < 1$$

(1987年IMO候选题)

证 由题知有

$$\frac{(1-t_n)^2}{(1-t_k)^2} \leq 1, \quad k=1,2,\cdots,n.$$

因此有

$$\frac{(1-t_n)^2 t_1}{(1-t_1^2)^2} \leq \frac{t_1}{(1+t_1)^2} < \frac{t_1}{1+t_1} = 1 - \frac{1}{1+t_1},$$

$$\frac{(1-t_n)^2 t_2^2}{(1-t_2^3)^2} \leq \frac{t_2^2}{(1+t_2+t_2^2)^2} < \frac{t_2^2}{(1+t_2)(1+t_2+t_2^2)}$$

$$= \frac{1}{1+t_2} - \frac{1}{1+t_2+t_2^2},$$

$$\frac{(1-t_n)^2 t_k^k}{(1-t_k^{k+1})^2} = \frac{t_k^k}{(1+t_k+t_k^2+\cdots+t_k^k)^2}$$

$$< \frac{1}{1+t_k+\cdots+t_k^{k-1}} - \frac{1}{1+t_k+\cdots+t_k^{k-1}+t_k^k}, \quad k=3,4,\cdots$$

将以上 n 个不等式相加即得证.

15. 设 a, b, c 都是正实数且 $abc=1$, 求证 (《不等式证明》心得)

$$\left(a-1+\frac{1}{b}\right)\left(b-1+\frac{1}{c}\right)\left(c-1+\frac{1}{a}\right) \leq 1 \quad ① \quad (2000年IMO 2题)$$

证 因为
$$b-1+\frac{1}{c} = b\left(1-\frac{1}{b}+\frac{1}{bc}\right) = b\left(1+a-\frac{1}{b}\right),$$

所以
$$\left(a-1+\frac{1}{b}\right)\left(b-1+\frac{1}{c}\right) = b\left(a-1+\frac{1}{b}\right)\left(a+1-\frac{1}{b}\right)$$
$$= b\left[a^2-\left(1-\frac{1}{b}\right)^2\right] \leq ba^2. \quad ②$$

同理有
$$\left(b-1+\frac{1}{c}\right)\left(c-1+\frac{1}{a}\right) \leq cb^2, \quad \left(c-1+\frac{1}{a}\right)\left(a-1+\frac{1}{b}\right) \leq ac^2. \quad ③$$

若 $a-1+\frac{1}{b}, b-1+\frac{1}{c}, c-1+\frac{1}{a}$ 不全为正数, 不妨设 $a-1+\frac{1}{b} \leq 0$. 于是 $0 < a \leq 1-\frac{1}{b}$, $b>1$. 从而 $b-1+\frac{1}{c}>0$. 同理, 若 $c-1+\frac{1}{a} \leq 0$, 则又有 $a-1+\frac{1}{b}>0$. 矛盾, 所以又有 $c-1+\frac{1}{a}>0$. 故此时 ① 式明显.

若 $a-1+\frac{1}{b}, b-1+\frac{1}{c}, c-1+\frac{1}{a}$ 均为正数, 则由 ② 和 ③ 得
$$\left(a-1+\frac{1}{b}\right)^2\left(b-1+\frac{1}{c}\right)^2\left(c-1+\frac{1}{a}\right)^2 \leq a^3b^3c^3 = 1.$$

开方即得证 ① 式.

16. 设 a, b, c 都是正实数，求证不等式

$$\frac{a}{\sqrt{a^2+8bc}} + \frac{b}{\sqrt{b^2+8ca}} + \frac{c}{\sqrt{c^2+8ab}} \geq 1 \quad ① \quad (2001年 IMO 2题)$$

证 设 $\alpha > 0$ 为待定，于是①式等价于

$$\frac{a}{\sqrt{a^2+8bc}} + \frac{b}{\sqrt{b^2+8ca}} + \frac{c}{\sqrt{c^2+8ab}} \geq 1 = \frac{a^\alpha + b^\alpha + c^\alpha}{a^\alpha + b^\alpha + c^\alpha}.$$

可见，为证①，只须证明不等式

$$\frac{a}{\sqrt{a^2+8bc}} \geq \frac{a^\alpha}{a^\alpha+b^\alpha+c^\alpha} \quad ②$$

[待定指数法]

对某 $\alpha > 0$ 成立。为此，又只须证明

$$a^2(a^\alpha+b^\alpha+c^\alpha)^2 \geq a^{2\alpha}(a^2+8bc). \quad ③$$

$$a^2[(a^\alpha+b^\alpha+c^\alpha)^2 - (a^\alpha)^2] \geq 8a^{2\alpha}bc. \quad ③'$$

由均值不等式有

$$a^2[(a^\alpha+b^\alpha+c^\alpha)^2 - (a^\alpha)^2] = a^2(b^\alpha+c^\alpha)(a^\alpha+b^\alpha+c^\alpha+a^\alpha)$$

$$\geq a^2 \cdot 2b^{\frac{\alpha}{2}}c^{\frac{\alpha}{2}} \cdot 4a^{\frac{\alpha}{2}}b^{\frac{\alpha}{4}}c^{\frac{\alpha}{4}} = 8a^{2+\frac{\alpha}{2}}b^{\frac{3\alpha}{4}}c^{\frac{3\alpha}{4}}.$$

易见，为保证③成立，只须取 $\alpha = \frac{4}{3}$ 就可以了。当即取 $\alpha = \frac{4}{3}$ 时，②式成立，从而原式①成立。

证2 令 $x = \frac{a}{\sqrt{a^2+8bc}}$, $y = \frac{b}{\sqrt{b^2+8ca}}$, $z = \frac{c}{\sqrt{c^2+8ab}}$, 于是 x, y, z 都是正实数且 $x^2 = \frac{a^2}{a^2+8bc}$, 从而有

$$\frac{1}{x^2} - 1 = \frac{8bc}{a^2}.$$

[变量代换]

同理有

$$\frac{1}{y^2} - 1 = \frac{8ca}{b^2}, \quad \frac{1}{z^2} - 1 = \frac{8ab}{c^2}.$$

三式相乘，得到

$$\left(\frac{1}{x^2}-1\right)\left(\frac{1}{y^2}-1\right)\left(\frac{1}{z^2}-1\right) = 512. \quad ④$$

若①式不成立，则有 $x+y+z<1$，故 $0<x,y,z<1$. 对于④式右端，我们有

$$\left(\frac{1}{x^2}-1\right)\left(\frac{1}{y^2}-1\right)\left(\frac{1}{z^2}-1\right) = \frac{(1-x^2)(1-y^2)(1-z^2)}{x^2y^2z^2}$$

[反证法]

$$> \frac{[(x+y+z)^2-x^2][(x+y+z)^2-y^2][(x+y+z)^2-z^2]}{x^2y^2z^2}$$

$$= \frac{(y+z)(2x+y+z)(z+x)(2y+z+x)(x+y)(2z+x+y)}{x^2y^2z^2}$$

$$\geq \frac{2\sqrt{yz}\cdot 4\sqrt[4]{x^2yz}\cdot 2\sqrt{zx}\cdot 4\sqrt[4]{y^2zx}\cdot 2\sqrt{xy}\cdot 4\sqrt[4]{z^2xy}}{x^2y^2z^2}$$

$$= \frac{512\,x^2y^2z^2}{x^2y^2z^2} = 512.$$

此与④矛盾，这表明①式成立.

证3 令 $x=\dfrac{bc}{a^2}, y=\dfrac{ca}{b^2}, z=\dfrac{ab}{c^2}$，于是 $xyz=1$ 且只须证明

$$\frac{1}{\sqrt{1+8x}} + \frac{1}{\sqrt{1+8y}} + \frac{1}{\sqrt{1+8z}} \geq 1. \qquad ⑤$$

令 $f(x)=(1+8x)^{-\frac{1}{2}}$，对 $f(x)$ 求导，有

$$f'(x) = -\frac{1}{2}(1+8x)^{-\frac{3}{2}}\cdot 8 < 0,$$

$$f''(x) = 6(1+8x)^{-\frac{5}{2}}\cdot 8 > 0.$$

故知 $f(x)$ 在 $(0,+\infty)$ 上是严格递减正函数且是下凸函数.

廿一 数学归纳法证明不等式

数学归纳法是证明不等式的方法中最重要的方法之一. 用数学归纳法来证明不等式也是数学归纳法的重要功能之一.

1. 设 $a > 0$, 证明对任意正整数 n, 都成立不等式

$$\frac{1+a^2+\cdots+a^{2n}}{a+a^3+\cdots+a^{2n-1}} \geq \frac{n+1}{n}. \quad (《不等式》丛书 82 页例 3) \quad ①$$

证 当 $n=1$ 时, $\frac{1+a^2}{a} \geq 2$, 即 ① 成立.

设 $n=k$ 时不等式 ① 成立. 即有

$$A = \frac{1+a^2+\cdots+a^{2k}}{a+a^3+\cdots+a^{2k-1}} \geq \frac{k+1}{k}. \quad ②$$

当 $n=k+1$ 时, 欲证的目标是

$$B = \frac{1+a^2+\cdots+a^{2k+2}}{a+a^3+\cdots+a^{2k+1}} \geq \frac{k+2}{k+1}. \quad ③$$

由 ② 有

$$\frac{1}{A} \leq \frac{k}{k+1}. \quad ④$$

所以有

$$B + \frac{1}{A} = \frac{1+a^2+\cdots+a^{2k+2}}{a(1+a^2+\cdots+a^{2k})} + \frac{a+a^3+\cdots+a^{2k-1}}{1+a^2+\cdots+a^{2k}}$$

$$= \frac{(1+a^2+\cdots+a^{2k+2}) + (a^2+a^4+\cdots+a^{2k})}{a(1+a^2+\cdots+a^{2k})}$$

$$= \frac{(1+a^2) + (a^2+a^4) + \cdots + (a^{2k}+a^{2k+2})}{a(1+a^2+\cdots+a^{2k})}$$

$$= \frac{(1+a^2)(1+a^2+\cdots+a^{2k})}{a(1+a^2+\cdots+a^{2k})} = \frac{1+a^2}{a} \geq 2. \quad ⑤$$

由 ⑤ 和 ④ 得

$$B \geq 2 - \frac{1}{A} \geq 2 - \frac{k}{k+1} = \frac{k+2}{k+1}.$$

即③成立。这表明当 $n = k+1$ 时①式成立，从而由数学归纳法知①式对所有 $n \in \mathbb{N}^*$ 都成立。

2. 试证对于所有正整数 n，都有

$$\sqrt{1^2+\sqrt{2^2+\sqrt{3^2+\cdots+\sqrt{n^2}}}} < 2 \qquad ①$$

（《不等式》丛书 86 页例 5）

证 直接证明不等式①较为困难，证明本题有两个要点：第 1 是把固定的不等式①视为变动的不等式②：当 $k=n, n-1, \cdots, 2, 1$ 时有

$$\sqrt{k^2+\sqrt{(k+1)^2+\cdots+\sqrt{n^2}}} < k+1. \qquad ②$$

并且对 k 用反向归纳法来证明，这是第 2 点.

当 $k=n$ 时，②式显然成立.

设当 $k=m\le n$ 时②成立，则当 $k=(m-1)$ 时，由归纳假设有

$$\sqrt{(m-1)^2+\sqrt{m^2+\cdots+\sqrt{n^2}}} < \sqrt{(m-1)^2+m+1}$$
$$= \sqrt{m^2-m+2} \le m \quad (m\ge 2),$$

即当 $k=m-1$ 时，②式成立. 特别当 $m=2$，即 $m-1=1$ 时，②式成立，即①式成立.

$\boxed{\text{特殊到一般} + \text{反向归纳法} + \text{一般到特殊}}$

3. 已知 $x_1, x_2, \cdots, x_n (n \geq 2)$ 都是实数且满足条件 $\sum_{i=1}^{n} x_i = 0$ 和 $\sum_{i=1}^{n} |x_i| = 1$，求证

$$\left| \sum_{i=1}^{n} \frac{x_i}{i} \right| \leq \frac{1}{2} - \frac{1}{2n}. \qquad ①$$

(1989年全国联赛二试二题)

证1 我们证明本题的 加强命题：若 n 个实数 $x_1, x_2, \cdots, x_n$ 满足条件 $\sum_{i=1}^{n} x_i = 0$, $\sum_{i=1}^{n} |x_i| \leq 1$, 则有不等式①成立.

当 $n=2$ 时, 由已知易得 $x_1 = -x_2$ 且 $|x_1| = |x_2| = \frac{1}{2}$, 故有

$$|x_1| - \left|\frac{x_2}{2}\right| = \frac{|x_1|}{2} = \frac{1}{4} = \frac{1}{2} - \frac{1}{2 \cdot 2},$$

即 $n=2$ 时命题成立.

设 $n=k$ 时①成立, 则当 $n=k+1$ 时, 由归纳假设有

$$\left| \sum_{i=1}^{k+1} \frac{x_i}{i} \right| = \left| \sum_{i=1}^{k-1} \frac{x_i}{i} + \frac{x_k + x_{k+1}}{k} - \frac{x_{k+1}}{k(k+1)} \right|$$

$$\leq \frac{1}{2} - \frac{1}{2k} + \left|\frac{x_{k+1}}{k(k+1)}\right|,$$

因为由已知可以推得 $|x_{k+1}| \leq \frac{1}{2}$, 故得

$$\left| \sum_{i=1}^{k+1} \frac{x_i}{i} \right| \leq \frac{1}{2} - \frac{1}{2k} + \frac{1}{2k(k+1)} = \frac{1}{2} - \frac{1}{2(k+1)},$$

即当 $n=k+1$ 时结论成立. 从而加强命题对所有 $n \geq 2$ 成立, 原命题获证.

证2 当 $n=2$ 时易证命题成立. 设命题于 $n=k$ 时成立. 当 $n=k+1$ 时, 记

$$M = \sum_{i=1}^{k-1} |x_i| + |x_k + x_{k+1}|.$$

若 $M=0$,则 $x_i=0$, $i=1,2,\cdots,k-1$; $x_k=-x_{k+1}$, $|x_k|=|x_{k+1}|=\frac{1}{2}$.

于是
$$\left|\sum_{i=1}^{k+1}\frac{x_i}{i}\right|=\left|\frac{x_k}{k}+\frac{x_{k+1}}{k+1}\right|=\frac{1}{2k}-\frac{1}{2(k+1)}\leq \frac{1}{2}-\frac{1}{2(k+1)}. \quad ①$$

【变量代换】

若 $M>0$,则令
$$x'_i=\frac{x_i}{M}, \quad i=1,\cdots,k-1, \quad x'_k=\frac{x_k+x_{k+1}}{M},$$

于是有 $\sum_{i=1}^{k}x'_i=0$, $\sum_{i=1}^{k}|x'_i|=1$. 由归纳假设有
$$\left|\sum_{i=1}^{k}\frac{x'_i}{i}\right|\leq \frac{1}{2}-\frac{1}{2k}. \quad ②$$

由②即得
$$\left|\sum_{i=1}^{k+1}\frac{x_i}{i}\right|=M\left|\sum_{i=1}^{k}\frac{x'_i}{i}-\frac{x_{k+1}}{Mk(k+1)}\right|\leq M\left|\sum_{i=1}^{k}\frac{x'_i}{i}\right|+\frac{|x_{k+1}|}{k(k+1)}$$
$$\leq M\left(\frac{1}{2}-\frac{1}{2k}\right)+\frac{1}{2k(k+1)}\leq \frac{1}{2}-\frac{1}{2(k+1)}. \quad ③$$

将①与③结合起来即得当 $n=k+1$ 时命题成立,这就完成了归纳证明.

4. 设 $x_1, x_2, \cdots, x_n (n \geq 3)$ 都是正数，求证

$$\frac{x_1^2}{x_1^2+x_2x_3}+\frac{x_2^2}{x_2^2+x_3x_4}+\cdots+\frac{x_{n-1}^2}{x_{n-1}^2+x_nx_1}+\frac{x_n^2}{x_n^2+x_1x_2} \leq n-1. \quad ①$$

(1985年IMO候选题)

证 令 $\boxed{\text{变量代换}}$

$$y_i = \frac{x_i^2}{x_{i+1}x_{i+2}}, \quad i=1,2,\cdots,n,$$

其中 $x_{n+1}=x_1$，$x_{n+2}=x_2$。容易看出 $y_1 y_2 \cdots y_n = 1$ 且

$$\frac{y_i}{1+y_i} = \frac{x_i^2}{x_i^2+x_{i+1}x_{i+2}}, \quad i=1,2,\cdots,n.$$

将此代入①式，得到

$$n-1 \geq \frac{y_1}{1+y_1}+\frac{y_2}{1+y_2}+\cdots+\frac{y_n}{1+y_n}$$

$$= n - \left(\frac{1}{1+y_1}+\frac{1}{1+y_2}+\cdots+\frac{1}{1+y_n}\right).$$

此式又等价于

$$\frac{1}{1+y_1}+\frac{1}{1+y_2}+\cdots+\frac{1}{1+y_n} \geq 1. \quad ②$$

下面用数学归纳法来证明不等式②。当 $n=2$ 时，由于 $y_1 y_2 = 1$，故有

$$\frac{1}{1+y_1}+\frac{1}{1+y_2} = \frac{1}{1+y_1}+\frac{y_1}{1+y_1} = 1,$$

即 $n=2$ 时不等式②成立。

设当 $n=k$ 时②成立，则当 $n=k+1$ 时，由归纳假设有

$$\frac{1}{1+y_1}+\frac{1}{1+y_2}+\cdots+\frac{1}{1+y_{k-1}}+\frac{1}{1+y_k y_{k+1}} \geq 1. \quad ③$$

因为
$$\frac{1}{1+y_k}+\frac{1}{1+y_{k+1}}-\frac{1}{1+y_k y_{k+1}}$$
$$=\frac{(2+y_k+y_{k+1})(1+y_k y_{k+1})-(1+y_k)(1+y_{k+1})}{(1+y_k)(1+y_{k+1})(1+y_k y_{k+1})}$$
$$=\frac{(2+y_k+y_{k+1})+(2+y_k+y_{k+1})y_k y_{k+1}-(1+y_k y_{k+1})-y_k y_{k+1}}{(1+y_k)(1+y_{k+1})(1+y_k y_{k+1})}$$
$$=\frac{1+(1+y_k+y_{k+1})y_k y_{k+1}}{(1+y_k)(1+y_{k+1})(1+y_k y_{k+1})}\geq 0.$$

所以由此及③即得
$$\frac{1}{1+y_1}+\frac{1}{1+y_2}+\cdots+\frac{1}{1+y_k}+\frac{1}{1+y_{k+1}}$$
$$\geq \frac{1}{1+y_1}+\frac{1}{1+y_2}+\cdots+\frac{1}{1+y_{k-1}}+\frac{1}{1+y_k y_{k+1}}\geq 1,$$

即当 $n=k+1$ 时，②式成立。这就完成了归纳证明。

证2 令
$$z_i=\frac{x_{i+1} x_{i+2}}{x_i^2},\quad i=1,2,\cdots,n,\text{ 其中 } x_{n+1}=x_1, x_{n+2}=x_2.$$

于是①式等价地化为
$$\frac{1}{1+z_1}+\frac{1}{1+z_2}+\cdots+\frac{1}{1+z_{n-1}}+\frac{1}{1+z_n}\leq n-1,\quad ④$$

且由 $z_1,\cdots,z_n$ 之定义直接看出 $z_1 z_2\cdots z_n=1$.

当 $n=2$ 时，条件化为 $z_1 z_2=1$，于是有
$$\frac{1}{1+z_1}+\frac{1}{1+z_2}=\frac{(1+z_2)+(1+z_1)}{(1+z_1)(1+z_2)}=\frac{2+z_1+z_2}{1+z_1+z_2+z_1 z_2}=1.$$

即当 $n=2$ 时，④式成立。

设当 $n=k$ 时④式成立。于是当 $n=k+1$ 时，因为 $z_1 z_2\cdots z_k z_{k+1}=1$，所以若

5. 设 $0 < t \leq 1$, $1 \geq x_1 \geq x_2 \geq \cdots \geq x_n > 0$, 求证
$$(1+x_1+x_2+\cdots+x_n)^t \leq 1+x_1^t+2^{t-1}x_2^t+\cdots+n^{t-1}x_n^t. \quad ①$$
(1988年加拿大国家队集训题)

证 当 $n=1$ 时, 由于 $0 < t \leq 1$, $0 < x_1 \leq 1$, 故有
$$(1+x_1)^t \leq 1+x_1 \leq 1+x_1^t,$$
即当 $n=1$ 时①式成立.

设当 $n=k$ 时①式成立, 于是当 $n=k+1$ 时, 有
$$(1+x_1+x_2+\cdots+x_k+x_{k+1})^t$$
$$=\left(1+\frac{x_{k+1}}{1+x_1+x_2+\cdots+x_k}\right)^t (1+x_1+x_2+\cdots+x_k)^t$$
$$\leq \left(1+\frac{x_{k+1}}{1+x_1+x_2+\cdots+x_k}\right)(1+x_1+x_2+\cdots+x_k)^t$$
$$=(1+x_1+x_2+\cdots+x_k)^t + x_{k+1}(1+x_1+x_2+\cdots+x_k)^{t-1}$$
$$\leq 1+x_1^t+2^{t-1}x_2^t+\cdots+k^{t-1}x_k^t + x_{k+1}[(k+1)x_{k+1}]^{t-1}$$
$$=1+x_1^t+2^{t-1}x_2^t+\cdots+k^{t-1}x_k^t+(k+1)^{t-1}x_{k+1}^t$$

即当 $n=k+1$ 时①式成立. 由数学归纳法知①式对所有 $n \in \mathbb{N}^*$ 成立.

$z_1=z_2=\cdots=z_{k+1}=1$, 则④式显然成立. 若 z_i 不全为 1, 则必有 $1 \leq i \neq j \leq k+1$
使 $z_i < 1$, $z_j > 1$. 不妨设 $z_k < 1$, $z_{k+1} > 1$. 这时由归纳假设有
$$\sum_{i=1}^{k-1}\frac{1}{1+z_i} + \frac{1}{1+z_k z_{k+1}} \leq k-1. \quad ⑤$$

由⑤可知, 欲证 $n=k+1$ 时④式, 只须再证
$$\frac{1}{1+z_k}+\frac{1}{1+z_{k+1}} - \frac{1}{1+z_k z_{k+1}} \leq 1. \quad ⑥$$

因为 $z_k < 1$, $z_{k+1} > 1$, 故有
$$\frac{1}{1+z_{k+1}} < \frac{1}{1+z_k z_{k+1}} < \frac{1}{1+z_k}.$$

由此可知⑥成立, 于是⑤+⑥即得证 $n=k+1$ 时④成立. 这就完成了归纳证明.

(2010.2.11)

6. 设 $a_1, a_2, \cdots, a_n$ 都是非负实数，且有 $\sum_{i=1}^{n} a_i = 4$ $(n \geq 3)$，求证 $a_1^3 a_2 + a_2^3 a_3 + \cdots + a_{n-1}^3 a_n + a_n^3 a_1 \leq 27$. ①

(《中学数学》1999-6-48)

证 当 $n=3$ 时，由于不等式①轮换对称，故不妨设 a_1, a_2, a_3 中 a_1 最大. 这时注意

$$a_1^3 a_2 + a_2^3 a_3 + a_3^3 a_1 - (a_1 a_2^3 + a_2 a_3^3 + a_3 a_1^3)$$
$$= a_1^3(a_2 - a_3) + a_2 a_3(a_2 - a_3)(a_2 + a_3) + a_1(a_3 - a_2)(a_2^2 + a_2 a_3 + a_3^2)$$
$$= (a_2 - a_3)[a_1^3 + a_2^2 a_3 + a_2 a_3^2 - a_1 a_2^2 - a_1 a_2 a_3 - a_1 a_3^2]$$

由对称性及 $a_1^3 a_2$ 系数为1可知 【从分解因式入手】

$$a_1^3 a_2 + a_2^3 a_3 + a_3^3 a_1 - (a_1 a_2^3 + a_2 a_3^3 + a_3 a_1^3)$$
$$= -(a_2 - a_3)(a_3 - a_1)(a_1 - a_2)(a_1 + a_2 + a_3)$$
$$= (a_2 - a_3)(a_1 - a_3)(a_1 - a_2)(a_1 + a_2 + a_3).$$ ②

当 $a_2 < a_3$ 时，②式右端非正，故只须求 $a_2 \geq a_3$ 的情形来证明
$$a_1^3 a_2 + a_2^3 a_3 + a_3^3 a_1 \leq 27.$$ ③

不难看出，当 $a_1 = 3, a_2 = 1, a_3 = 0$ 时，③式中等号成立. 于是有

$$a_1^3 a_2 + a_2^3 a_3 + a_3^3 a_1 \leq a_1^3 a_2 + a_1^2 a_2 a_3 + a_1^2 a_2 a_3$$
$$= a_1^2 a_2(a_1 + 2a_3) \leq a_1^2 a_2(a_1 + 3a_3) = \frac{1}{3}[a_1 \cdot a_1 \cdot 3a_2 \cdot (a_1 + 3a_3)]$$
$$\leq \frac{1}{3}\left[\frac{3(a_1 + a_2 + a_3)}{4}\right]^4 = 27.$$

这表明当 $n=3$ 时，①式成立.

设当 $n=k$ 时①式成立. 于是当 $n=k+1$ 时，仍设 a_1 为最大. 于是有

$$a_1^3 a_2 + a_2^3 a_3 + \cdots + a_k^3 a_{k+1} + a_{k+1}^3 a_1$$

$$\leq a_1^3 a_2 + a_1^3 a_3 + (a_2+a_3)^3 a_4 + a_4^3 a_5 + \cdots + a_k^3 a_{k+1} + a_{k+1}^3 a_1$$
$$= a_1^3(a_2+a_3) + (a_2+a_3)^3 a_4 + a_4^3 a_5 + \cdots + a_k^3 a_{k+1} + a_{k+1}^3 a_1,$$

其中 k 个变元 $a_1, a_2+a_3, a_4, \cdots, a_k, a_{k+1}$ 满足题中心要求，故由归纳假设有

$$a_1^3 a_2 + a_2^3 a_3 + a_3^3 a_4 + \cdots + a_k^3 a_{k+1} + a_{k+1}^3 a_1$$
$$\leq a_1^3(a_2+a_3) + (a_2+a_3)^3 a_4 + a_4^3 a_5 + \cdots + a_k^3 a_{k+1} + a_{k+1}^3 a_1 \leq 27.$$

即当 $n=k+1$ 时①式成立。从而由数学归纳法知①式对所有 $n \geq 3$ 都成立。

注 容易看出，当 $n=2$, $a_1=3$, $a_2=1$ 时，①式不成立。

注2 对于②式，若 $a_2 < a_3$，则②式非正，即有
$$a_1^3 a_2 + a_2^3 a_3 + a_3^3 a_1 < a_1 a_2^3 + a_2 a_3^3 + a_3 a_1^3 \qquad ④$$

于是为证①式左端不大于27，只要证明右端不大于27就可以了。而对于④式右端，只要在其中令 a_2 与 a_3 互换，就化为左端的表达式于 $a_2 > a_3$ 的情况，故最终就 $a_2 \geq a_3$ 的情况来证明③式。

在轮换对称的表达式中，设 a_1 最大时，后面只有 $a_2 < a_3$ 与 $a_2 \geq a_3$ 两种情况。证明了②之后，就有④成立，从而把 $a_2 < a_3$ 的情况化成了 $a_2 \geq a_3$ 的情况。

7. 设 $a_k, b_k \in R^+$, $k=1,2,\cdots,n$, 求证
$$\sum_{k=1}^{n}\frac{a_k b_k}{a_k+b_k} \leq \frac{AB}{A+B}, \quad \text{①}$$

其中 $A=\sum_{k=1}^{n}a_k$, $B=\sum_{k=1}^{n}b_k$. (1993年匈牙利奥林匹克选拔赛)

证 当 $n=1$ 时 ① 式中等号成立.

当 $n=2$ 时, ① 式化为

$$\frac{a_1 b_1}{a_1+b_1}+\frac{a_2 b_2}{a_2+b_2} \leq \frac{(a_1+a_2)(b_1+b_2)}{a_1+a_2+b_1+b_2}. \quad \text{①'}$$

两个归纳起点

于是只需证明 ①' 成立.

① ' $\Leftrightarrow \dfrac{a_1 b_1}{a_1+b_1}+\dfrac{a_2 b_2}{a_2+b_2} \leq \dfrac{a_1 b_1+a_1 b_2+a_2 b_1+a_2 b_2}{a_1+a_2+b_1+b_2}$

用上式右端分母同乘两端, 各得 4 项, 消去同项后, 得到

$\Leftrightarrow \dfrac{a_1 b_1(a_2+b_2)}{a_1+b_1}+\dfrac{a_2 b_2(a_1+b_1)}{a_2+b_2} \leq a_1 b_2+a_2 b_1$.

$\Leftrightarrow \left(\dfrac{b_1}{a_1+b_1}+\dfrac{a_2}{a_2+b_2}\right)a_1 b_2+\left(\dfrac{a_1}{a_1+b_1}+\dfrac{b_2}{a_2+b_2}\right)a_2 b_1 \leq a_1 b_2+a_2 b_1$.

$\Leftrightarrow \left[\dfrac{b_1 a_2+b_1 b_2+a_1 a_2+a_2 b_1}{(a_1+b_1)(a_2+b_2)}-1\right]a_1 b_2+\left[\dfrac{a_1 a_2+a_1 b_2+a_1 b_2+b_1 b_2}{(a_1+b_1)(a_2+b_2)}-1\right]a_2 b_1$

$\Leftrightarrow (b_1 a_2-a_1 b_2)a_1 b_2+(a_1 b_2-b_1 a_2)a_2 b_1 \leq 0$

$\Leftrightarrow -(a_1 b_2-a_2 b_1)^2 \leq 0$.

即 ①' 成立, 即 $n=2$ 时 ① 式成立.

设 $n=m$ 时 ① 式成立, 当 $n=m+1$ 时, 令 $A_m=\sum_{k=1}^{m}a_k$, $B_m=\sum_{k=1}^{m}b_k$.

于是由归纳假设及 ①' 有

$\sum_{k=1}^{m+1}\dfrac{a_k b_k}{a_k+b_k}=\sum_{k=1}^{m}\dfrac{a_k b_k}{a_k+b_k}+\dfrac{a_{m+1} b_{m+1}}{a_{m+1}+b_{m+1}}$

$\leq \dfrac{A_m B_m}{A_m+B_m}+\dfrac{a_{m+1} b_{m+1}}{a_{m+1}+b_{m+1}}$

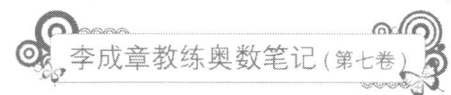

$$\leq \frac{(A_m+a_{m+1})(B_m+b_{m+1})}{A_m+a_{m+1}+B_m+b_{m+1}} = \frac{A \cdot B}{A+B}. \qquad ②$$

这表明 $n=m+1$ 时①式成立.

由数学归纳性知不等式①对所有 $n \in \mathbb{N}^*$ 都成立.

注 ②式的证明过程表明，这里用到了①，即归纳起点 $n=2$ 是必要用到的. 不能只证 $n=1$ 的情形.

8. 设 $\delta(n)$ 是正整数 n 的最大奇因子, 对于任意正整数 n, 求证
$$\left|\sum_{k=1}^{n}\frac{\delta(k)}{k}-\frac{2}{3}n\right|<1.$$
（第32届普特南）

证 记 $S(n)=\sum_{k=1}^{n}\frac{\delta(k)}{k}$, 于是 $S(1)=1$. 按定义有
$$\delta(2m+1)=2m+1, \quad \delta(2m)=\delta(m).$$

所以有
$$S(2n+1)=\sum_{k=1}^{2n}\frac{\delta(k)}{k}+\frac{\delta(2n+1)}{2n+1}=S(2n)+1; \quad ①$$
$$S(2n)=\sum_{m=1}^{n}\frac{\delta(2m)}{2m}+\sum_{m=1}^{n}\frac{\delta(2m-1)}{2m-1}=\frac{1}{2}S(n)+n. \quad ②$$

令 $F(n)=S(n)-\frac{2}{3}n$, 于是只须证明
$$|F(n)|<1. \quad ③$$

下面用数学归纳法来证明更强的结果：
$$0<F(n)<\frac{2}{3}, \quad n\in N^*. \quad ④$$

当 $n=1$ 时,
$$F(1)=S(1)-\frac{2}{3}=\frac{1}{3},$$

【第二归纳法】

④式当然成立.

设④式于 $1\leq n\leq m$ 时成立. 于是当 $n=m+1$ 时可分两种情况来证明.

(1) 当 m 为偶数时, $m\geq 2$, 由①和②有
$$F(m+1)=S(m+1)-\frac{2}{3}(m+1)=S(m)+1-\frac{2}{3}(m+1)=F(m)+\frac{1}{3}, \quad ⑤$$
$$F(m)=S(m)-\frac{2}{3}m=\frac{1}{2}S\left(\frac{m}{2}\right)+\frac{m}{2}-\frac{2}{3}m=\frac{1}{2}\left[S\left(\frac{m}{2}\right)-\frac{m}{3}\right]$$
$$=\frac{1}{2}F\left(\frac{m}{2}\right). \quad ⑥$$

将⑥代入⑤，即得
$$F(m+1) = \frac{1}{2}F\left(\frac{m}{2}\right) + \frac{1}{3}. \qquad ⑦$$
由归纳假设有 $0 < F\left(\frac{m}{2}\right) < \frac{2}{3}$，代入⑦即得
$$0 < F(m+1) < \frac{2}{3},$$
即④式于 m 为偶数, $n = m+1$ 时成立.

(2) 当 m 为奇数时, 由②有
$$F(m+1) = S(m+1) - \frac{2}{3}(m+1) = \frac{1}{2}S\left(\frac{m+1}{2}\right) + \frac{m+1}{2} - \frac{2}{3}(m+1)$$
$$= \frac{1}{2}F\left(\frac{m+1}{2}\right).$$

由归纳假设有 $0 < F\left(\frac{m+1}{2}\right) < \frac{2}{3}$，所以有
$$0 < F(m+1) < \frac{1}{3} < \frac{2}{3},$$
即当 m 为奇数时, ④式对 $n = m+1$ 也成立. 以而④式于 $n = m+1$ 也成立.

由数学归纳法知④式对所有 $n \in N^*$ 都成立, 即原不等式对所有 $n \in N^*$ 都成立.

9. 设 $\{a_n\}$ 是一个正实数数列，且存在一个常数 k，使对所有 $n \in N^*$，均有 $a_1^2 + a_2^2 + \cdots + a_n^2 < k a_{n+1}^2$. 求证存在一个常数 c，使对所有 $n \in N^*$，均有 $a_1 + a_2 + \cdots + a_n < c a_{n+1}$. （丛书《不等式》86页例6）

证 考察不等式
$$(a_1 + a_2 + \cdots + a_n)^2 < t(a_1^2 + a_2^2 + \cdots + a_n^2) < c^2 a_{n+1}^2, \quad ①$$

其中由题设 $t(a_1^2 + a_2^2 + \cdots + a_n^2) < tk a_{n+1}^2$，故只须取 $tk = c^2$ 即可，这里 t 为一参数。这样，①中后一个不等式是待证的。

【伴随命题】

设命题 P_i 为
$$(a_1 + a_2 + \cdots + a_i)^2 < t(a_1^2 + a_2^2 + \cdots + a_i^2). \quad ②$$

命题 Q_i 为
$$a_1 + a_2 + \cdots + a_i < c a_{i+1}. \quad ③$$

显然③即为所求证之不等式，视②为伴随不等式。

当 $i = 1$ 时，显然，取 $t > 1$ 即可使命题 P_1 成立。

设命题 P_k 成立，即有
$$(a_1 + a_2 + \cdots + a_k)^2 < t(a_1^2 + a_2^2 + \cdots + a_k^2).$$

于是由①中后一个不等式有
$$(a_1 + a_2 + \cdots + a_k)^2 < c^2 a_{k+1}^2,$$
$$a_1 + a_2 + \cdots + a_k < c a_{k+1},$$

即有 Q_k 成立。

设命题 Q_k 成立，即有
$$a_1 + a_2 + \cdots + a_k < c a_{k+1}. \quad ④$$

于是为证 P_{k+1}，即证

$$(a_1+a_2+\cdots+a_k+a_{k+1})^2 < t(a_1^2+a_2^2+\cdots+a_k^2+a_{k+1}^2),$$

注意到
$$(a_1+a_2+\cdots+a_k+a_{k+1})^2$$
$$=(a_1+a_2+\cdots+a_k)^2+2a_{k+1}(a_1+a_2+\cdots+a_k)+a_{k+1}^2$$
$$<t(a_1^2+a_2^2+\cdots+a_k^2)+2a_{k+1}(a_1+a_2+\cdots+a_k)+a_{k+1}^2$$

便知，只须证明
$$2a_{k+1}(a_1+a_2+\cdots+a_k)<(t-1)a_{k+1}^2,$$
$$a_1+a_2+\cdots+a_k<\frac{t-1}{2}a_{k+1}. \quad ⑤$$

由④知，取 $t=2c+1$，即 $c=\frac{t-1}{2}$ 即可使⑤式成立.

这样一来，为使①式成立，亦有
$$c=\frac{t-1}{2}=\frac{\frac{c^2}{k}-1}{2} \qquad c^2-2kc-k=0.$$

解得 $c=k+\sqrt{k^2+k}$. 对此 c, $t=\frac{c^2}{k}>1$ 符合前面的要求. 从而由螺旋归纳法知对所有 $n\in \mathbb{N}^*$, 命题 P_n、Q_n 都成立. 以此卒题结论成立.

10. 数列 $\{x_n\}$ 定义如下：$x_1 \in [0,1)$ 且
$$x_{n+1} = \begin{cases} \dfrac{1}{x_n} - \left[\dfrac{1}{x_n}\right], & \text{当 } x_n \neq 0, \\ 0, & \text{当 } x_n = 0. \end{cases}$$
（见《不等式》88页例8）

试证对所有 $n \in \mathbb{N}^*$，均有（湖南《奥赛经典（代数）》115页）
$$x_1 + x_2 + \cdots + x_n < \dfrac{f_1}{f_2} + \dfrac{f_2}{f_3} + \cdots + \dfrac{f_n}{f_{n+1}}, \quad ①$$

其中 $\{f_n\}$ 为斐波那契数列：$f_1 = f_2 = 1$，$f_{n+2} = f_{n+1} + f_n$，$n \in \mathbb{N}^*$.

证 当 $n=1$ 时，因为 $x_1 \in [0,1)$，当然有 $x_1 < 1 = \dfrac{f_1}{f_2}$，此时①式成立。

当 $n=2$ 时，可分两种情况：

(1) 当 $x_1 \leq \dfrac{1}{2}$ 时，$\dfrac{1}{x_1} \geq 2$，$x_2 < 1$，于是有
$$x_1 + x_2 < \dfrac{1}{2} + 1 = \dfrac{3}{2} = \dfrac{f_1}{f_2} + \dfrac{f_2}{f_3}.$$

(2) 当 $\dfrac{1}{2} < x_1 < 1$ 时，$1 < \dfrac{1}{x_1} < 2$，$x_2 = \dfrac{1}{x_1} - 1$，于是有
$$x_1 + x_2 = x_1 + \dfrac{1}{x_1} - 1.$$

因为函数 $f(t) = t + \dfrac{1}{t}$ 在 $(0,1)$ 上严格递减，故有
$$x_1 + x_2 < \dfrac{1}{2} + 2 - 1 = \dfrac{3}{2}.$$

（从函数学调性入手）

可见，当 $n=2$ 时①式成立。

设 $n = k, k+1$ 时①式成立，即有
$$x_1 + x_2 + \cdots + x_k < \dfrac{f_1}{f_2} + \dfrac{f_2}{f_3} + \cdots + \dfrac{f_k}{f_{k+1}}, \quad ②$$
$$x_1 + x_2 + \cdots + x_{k+1} < \dfrac{f_1}{f_2} + \dfrac{f_2}{f_3} + \cdots + \dfrac{f_k}{f_{k+1}} + \dfrac{f_{k+1}}{f_{k+2}}. \quad ③$$

将 $x_2, x_3, \cdots, x_{k+1}, x_{k+2}$ 分别作为新的 $x_1, x_2, \cdots, x_k, x_{k+1}$，由归纳假设又有

$$x_2+x_3+\cdots+x_{k+2} < \frac{f_1}{f_2}+\frac{f_2}{f_3}+\cdots+\frac{f_{k+1}}{f_{k+2}}, \quad ④$$

$$x_3+x_4+\cdots+x_{k+2} < \frac{f_1}{f_2}+\frac{f_2}{f_3}+\cdots+\frac{f_k}{f_{k+1}}. \quad ⑤$$

再分两种情况讨论 【分类归纳过渡】

(i) 若 $x_1 \leq \frac{f_{k+2}}{f_{k+3}}$,则由④有

$$x_1+x_2+\cdots+x_{k+2} < \frac{f_1}{f_2}+\frac{f_2}{f_3}+\cdots+\frac{f_{k+1}}{f_{k+2}}+\frac{f_{k+2}}{f_{k+3}}.$$

即当 $n=k+2$ 时①成立.

(ii) 若 $x_1 > \frac{f_{k+2}}{f_{k+3}}$,则 $x_1 \in \left(\frac{f_{k+2}}{f_{k+3}}, 1\right)$. 于是有

$$x_1+x_2 = x_1+\frac{1}{x_1}-1 < \frac{f_{k+2}}{f_{k+3}}+\frac{f_{k+3}}{f_{k+2}}-1 = \frac{f_{k+2}}{f_{k+3}}+\frac{f_{k+1}}{f_{k+2}} \quad ⑥$$

将⑥与⑤相加,即得

$$x_1+x_2+x_3+\cdots+x_{k+2} < \frac{f_1}{f_2}+\frac{f_2}{f_3}+\cdots+\frac{f_{k+1}}{f_{k+2}}+\frac{f_{k+2}}{f_{k+3}}.$$

即当有①成立.

综上可知,当 $n=k+2$ 时①式成立. 从而由数学归纳法知,对所有 $n \in N^*$,①式都成立.

11. 已知数列 $\{r_n\}$ 定义如下：$r_1=2$，$r_n=r_1r_2\cdots r_{n-1}+1$，$n=2,3,\cdots$，正整数 $a_1,a_2,\cdots,a_n$ 满足 $\sum\limits_{i=1}^{n}\dfrac{1}{a_i}<1$，求证

$$\sum_{i=1}^{n}\dfrac{1}{a_i}\leq\sum_{i=1}^{n}\dfrac{1}{r_i} \qquad ①$$

(1987年中国集训队选拔考试3题)

证 首先，我们用数学归纳法证明一个预备结果：

$$\dfrac{1}{r_1}+\dfrac{1}{r_2}+\cdots+\dfrac{1}{r_n}=1-\dfrac{1}{r_1r_2\cdots r_n},\ n=1,2,\cdots \qquad ②$$

因为 $r_1=2$，所以 $\dfrac{1}{r_1}=\dfrac{1}{2}=1-\dfrac{1}{2}=1-\dfrac{1}{r_1}$，即 ②式于 $n=1$ 时成立。 【辅助命题】

设当 $n=k$ 时 ②式成立。于是当 $n=k+1$ 时，有

$$\dfrac{1}{r_1}+\dfrac{1}{r_2}+\cdots+\dfrac{1}{r_k}+\dfrac{1}{r_{k+1}}=1-\dfrac{1}{r_1r_2\cdots r_k}+\dfrac{1}{r_{k+1}}$$

$$=1-\dfrac{r_{k+1}-r_1r_2\cdots r_k}{r_1r_2\cdots r_kr_{k+1}}=1-\dfrac{1}{r_1r_2\cdots r_kr_{k+1}},$$

即 $n=k+1$ 时 ②式成立。从而 ②式对所有 $n\in\mathbb{N}^*$ 都成立。

下面回到不等式 ① 的证明。

因为 $\dfrac{1}{a_1}<1$，故 $a_1>1$，所以正整数 $a_1\geq 2=r_1$，$\dfrac{1}{a_1}\leq\dfrac{1}{r_1}$，即当 $n=1$ 时 ①式成立。

设当 $n<k$ 时，不等式 ① 对所有满足条件的 $\{a_1,\cdots,a_n\}$ 都成立。于是当 $n=k$ 时，对于一组满足条件的 $\{a_1,a_2,\cdots,a_k\}$，若 ① 不成立，则有

$$\dfrac{1}{a_1}+\dfrac{1}{a_2}+\cdots+\dfrac{1}{a_k}>\dfrac{1}{r_1}+\dfrac{1}{r_2}+\cdots+\dfrac{1}{r_k}. \qquad ③$$

不妨设 $a_1\leq a_2\leq a_3\leq\cdots\leq a_k$。这样，由归纳假设有

$$\frac{1}{a_1} \leq \frac{1}{r_1},$$
$$\frac{1}{a_1}+\frac{1}{a_2} \leq \frac{1}{r_1}+\frac{1}{r_2},$$
$$\frac{1}{a_1}+\frac{1}{a_2}+\frac{1}{a_3} \leq \frac{1}{r_1}+\frac{1}{r_2}+\frac{1}{r_3},$$
$$\cdots\cdots$$
$$\frac{1}{a_1}+\frac{1}{a_2}+\cdots+\frac{1}{a_{k-1}} \leq \frac{1}{r_1}+\frac{1}{r_2}+\cdots+\frac{1}{r_{k-1}}.$$

将上列各式分别乘以 $(a_1-a_2), a_2-a_3, \cdots, a_{k-1}-a_k$,将③乘以 a_k,然后将该得各式相加. 局部到整体

$$1-\frac{a_2}{a_1} \geq \frac{1}{r_1}(a_1-a_2),$$
$$\frac{a_2}{a_1}+1-\frac{a_3}{a_1}-\frac{a_3}{a_2} \geq \left(\frac{1}{r_1}+\frac{1}{r_2}\right)(a_2-a_3)$$
$$\cdots\cdots \quad (a_{k-1}-a_k)$$
$$\frac{a_{k-1}}{a_1}-\frac{a_k}{a_1}+\frac{a_{k-1}}{a_2}-\frac{a_k}{a_2}+\cdots+\frac{a_{k-1}}{a_{k-1}}-\frac{a_k}{a_{k-1}} \geq \left(\frac{1}{r_1}+\frac{1}{r_2}+\cdots+\frac{1}{r_k}\right)$$
$$\frac{a_k}{a_1}+\frac{a_k}{a_2}+\cdots+1 > \frac{a_k}{r_1}+\frac{a_k}{r_2}+\cdots+\frac{a_k}{r_k}.$$

得到
$$k > \frac{a_1}{r_1}+\frac{a_2}{r_2}+\cdots+\frac{a_k}{r_k},$$
$$1 > \frac{1}{k}\left(\frac{a_1}{r_1}+\frac{a_2}{r_2}+\cdots+\frac{a_k}{r_k}\right) \geq \sqrt[k]{\frac{a_1 a_2 \cdots a_k}{r_1 r_2 \cdots r_k}}.$$

所以
$$r_1 r_2 \cdots r_k > a_1 a_2 \cdots a_k. \qquad ④$$

由②有
$$1-\frac{1}{a_1 a_2 \cdots a_k} < 1-\frac{1}{r_1 r_2 \cdots r_k} = \frac{1}{r_1}+\frac{1}{r_2}+\cdots+\frac{1}{r_k}. \qquad ⑤$$

因为 $\sum_{i=1}^{k}\frac{1}{a_i} < 1$,而 $a_1, a_2, \cdots, a_k$ 都是正整数,故有
$$\frac{1}{a_1}+\frac{1}{a_2}+\cdots+\frac{1}{a_k} \leq 1-\frac{1}{a_1 a_2 \cdots a_k} \qquad ⑥$$

⑤与⑥结合，即得
$$\frac{1}{a_1}+\frac{1}{a_2}+\cdots+\frac{1}{a_k} \le \frac{1}{r_1}+\frac{1}{r_2}+\cdots+\frac{1}{r_k}.$$
此与③矛盾，故①式于$n=k$时成立，这就完成了归纳证明。

12. 设 $x_1, x_2, \cdots, x_n$ 都是非负实数，$a = \min\{x_1, \cdots, x_n\}$，并记 $x_{n+1} = x_1$，求证

$$\sum_{i=1}^{n} \frac{1+x_i}{1+x_{i+1}} \leq n + \frac{1}{(1+a)^2} \sum_{i=1}^{n} (x_i - a)^2, \qquad ①$$

其中等号成立当且仅当 $x_1 = x_2 = \cdots = x_n$ （1992年中国数学奥林匹克选拔之题）

证1 当 $n=1$ 时，不等式 ① 显然成立。

设当 $n=k$ 时命题成立，当 $n=k+1$ 时，由轮换对称性知，不妨设 x_{k+1} 最大，于是由归纳假设有

$$\sum_{j=1}^{k-1} \frac{1+x_j}{1+x_{j+1}} + \frac{1+x_k}{1+x_1} \leq k + \frac{1}{(1+a)^2} \sum_{j=1}^{k}(x_j - a)^2. \qquad ②$$

由此可见，为证 $n=k+1$ 时不等式 ①，只须再证

$$\frac{1+x_k}{1+x_{k+1}} + \frac{1+x_{k+1}}{1+x_1} - \frac{1+x_k}{1+x_1} \leq 1 + \frac{1}{(1+a)^2}(x_{k+1}-a)^2. \qquad ③$$

将 ③ 式化简，得到等价的不等式

$$\frac{(x_{k+1}-x_k)(x_{k+1}-x_1)}{(1+x_{k+1})(1+x_1)} \leq \frac{1}{(1+a)^2}(x_{k+1}-a)^2. \qquad ④$$

因为 $a = \min\{x_1, x_2, \cdots, x_n\}$，所以 ④ 式显然成立，从而 ③ 式成立。这就证明了 ① 式于 $n=k+1$ 时成立。从而完成了归纳证明。

此外，当 $n=k+1$ 时 ① 中等号成立，当且仅当 ② 和 ④ 式中同时有等号成立。由归纳假设知，② 式中等号成立，当且仅当 $x_1 = x_2 = \cdots = x_k$，④ 中等号成立当且仅当 $x_1 = x_k = x_{k+1} = a$。所以，$n=k+1$ 时 ① 式中等号成立，当且仅当 $x_1 = x_2 = \cdots = x_k = x_{k+1}$。

证2 这里我们改用"局部化"方法来证明。因为 $\sum_{i=1}^{n}\frac{x_i-x_{i+1}}{1+a}=0$，故可将不等式①改写为

$$\sum_{i=1}^{n}\frac{1+x_i}{1+x_{i+1}} \le \sum_{i=1}^{n}1+\sum_{i=1}^{n}\frac{x_i-x_{i+1}}{1+a}+\frac{1}{(1+a)^2}\sum_{i=1}^{n}(x_{i+1}-a)^2. \quad \text{⑤}$$

显然，此为"局部化"之门！

显然，为证⑤，只须证明

$$\frac{1+x_i}{1+x_{i+1}} \le 1+\frac{x_i-x_{i+1}}{1+a}+\frac{1}{(1+a)^2}(x_{i+1}-a)^2, \quad i=1,2,\cdots,n.$$

而这又等价于

$$\frac{(x_i-x_{i+1})(a-x_{i+1})}{(1+a)(1+x_{i+1})} \le \frac{1}{(1+a)^2}(x_{i+1}-a)^2, \quad i=1,2,\cdots,n. \quad \text{⑥}$$

当 $x_i \ge x_{i+1}$ 时，⑥式左端非正，⑥式当然成立。当 $x_i < x_{i+1}$ 时，因为 $a=\min\{x_1,\cdots,x_n\}$，故当用 a 分别代替⑥式左端分子中的 x_i 和分母中的 x_{i+1} 时，⑥式左端分式的值不减，而这时又恰好变为⑥式右端的分式，所以⑥式成立，从而①式成立。

显然，①式中等号成立当且仅当⑥式中的 n 个不等式中同时有等号成立，即有

$$\frac{x_{i+1}-x_i}{1+x_{i+1}}=\frac{x_{i+1}-a}{1+a}, \quad i=1,2,\cdots,n.$$

$$x_{i+1}-x_i+ax_{i+1}-ax_i = x_{i+1}-a+x_{i+1}^2-ax_{i+1}$$

$$(x_{i+1}-a)^2+(1+a)(x_i-a)=0, \quad i=1,\cdots,n. \quad \text{⑦}$$

注意，⑦式左端两项均非负，故必须均为 0，所以仍有

$$x_1=x_2=\cdots=x_n=a.$$

这就完成了全部证明。

13. 设正数 $f:(0,+\infty)\to(0,+\infty)$ 满足
$$f(xy)\leq f(x)f(y), \text{对任意 } x>0, y>0.$$
试证对任意 $x>0, n\in \mathbb{N}^*$, 均有 $f(x^n)\leq f(x)f(x^2)^{\frac{1}{2}}\cdots f(x^n)^{\frac{1}{n}}$. ①

(1993年中国数学奥林匹克第6题)

证 令
$$F_n(x)=f(x)f(x^2)^{\frac{1}{2}}\cdots f(x^n)^{\frac{1}{n}},$$
于是有
$$F_n(x)=F_{n-1}(x)f(x^n)^{\frac{1}{n}}, \quad n=2,3,\cdots.$$

将上式两边 n 次方并依次写出如下： 【局部到整体】

$$F_n(x)^n=F_{n-1}(x)^n f(x^n),$$
$$F_{n-1}(x)^{n-1}=F_{n-2}(x)^{n-1}f(x^{n-1}),$$
$$\vdots$$
$$F_2(x)^2=F_1(x)^2 f(x^2),$$
$$F_1(x)=f(x).$$

将上列各式连乘，得到
$$F_n(x)^n=f(x^n)f(x^{n-1})\cdots f(x)F_{n-1}(x)F_{n-2}(x)\cdots F_1(x). \quad ②$$

下面用数学归纳法来证明①式. 当 $n=1$ 时, ①式显然成立. 设 $n\leq k$ 时不等式①成立，于是当 $n=k+1$ 时，由②式和归纳假设有
$$F_{k+1}(x)^{k+1}\geq f(x^{k+1})f(x^k)\cdots f(x)F_k(x)F_{k-1}(x)\cdots F_1(x)$$
$$\geq f(x^{k+1})f(x^k)\cdots f(x)f(x^k)f(x^{k-1})\cdots f(x)$$
$$=f(x^{k+1})[f(x^k)f(x)][f(x^{k-1})f(x^2)]\cdots[f(x)f(x^k)]$$

再由已知条件又有

$$F_{k+1}(x)^{k+1} \geq f(x^{k+1})^{k+1}.$$

两端同时开 $k+1$ 次方, 即得
$$f(x^{k+1}) \leq F_{k+1}(x).$$

这表明①式于 $n=k+1$ 时成立. 这就完成了归纳证明.

廿二、导数及其应用(凸函数)

导数是微积分学中研究函数的重要工具之一,特别是对函数的增减性,凹凸性的判定非常强有力.既然现行中学教材中已经讲述了导数的内容,所以它在数学竞赛中有着广泛的应用.利用它来解函数极值问题或证明不等式问题是相当重要的一条思路.参加竞赛的中学生不可不会.

1. 设 $x, y, z \geq 0$,且 $x+y+z=1$,求

$$\frac{\sqrt{x}}{4x+1}+\frac{\sqrt{y}}{4y+1}+\frac{\sqrt{z}}{4z+1}$$

的最大值. (《中学数学》2006-2-13)

解 令 [辅助函数]

$$f(x)=\frac{\sqrt{x}}{4x+1},$$

于是接求导公式有

$$f'(x)=\frac{\frac{1}{2\sqrt{x}}(4x+1)-4\sqrt{x}}{(4x+1)^2}=\frac{1-4x}{2\sqrt{x}(4x+1)^2}. \quad ①$$

再求导一次,又得

$$f''(x)=\left(\frac{1-4x}{2\sqrt{x}(4x+1)^2}\right)'=$$

$$=\frac{-4\sqrt{x}(4x+1)^2-(1-4x)\left[\frac{1}{2\sqrt{x}}(4x+1)^2+\sqrt{x}\cdot 8(4x+1)\right]}{2x(4x+1)^4}$$

$$=\frac{-8x(4x+1)-(1-4x)[(4x+1)+16x]}{4x\sqrt{x}(4x+1)^3}$$

$$=\frac{-32x^2-8x-20x-1+80x^2+4x}{4x\sqrt{x}(4x+1)^3}=\frac{48x^2-24x-1}{4x\sqrt{x}(4x+1)^3}. \quad ②$$

易见,

$$f''(x)\begin{cases}<0 & \text{当 } 0\leq x<\frac{3+2\sqrt{3}}{12}, \\ >0 & \text{当 } \frac{3+2\sqrt{3}}{12}<x\leq 1.\end{cases} \quad ③$$

由①知

$$f'(x)\begin{cases} >0 & \text{当 } 0\leq x < \frac{1}{4}, \\ =0 & \text{当 } x=\frac{1}{4}, \\ <0 & \text{当 } \frac{1}{4}<x\leq 1. \end{cases}$$ ④

由④和③知，$f(x)$ 在 $[0,\frac{1}{4}]$ 上严格递增，在 $[\frac{1}{4},1]$ 上严格递减，且在 $x=\frac{1}{4}$ 时取得最大值，并且在 $[\frac{1}{4},\frac{1}{2}]$ 上为上凸函数。

对于任意的 $x,y,z\geq 0$，$x+y+z=1$，不妨设 $0\leq x\leq y\leq z\leq 1$。

(1) 若 $x<\frac{1}{4}$，则令

$$x'=\frac{1}{4},\quad y'=y,\quad z'=z-\frac{1}{4}+x.$$

【分类处理】

于是有 $x',y',z'\geq 0$，$x'+y'+z'=1$ 且

$$f(x')+f(y')+f(z')>f(x)+f(y)+f(z).$$

(2) 若 $y'<\frac{1}{4}$，则令

$$x''=x',\quad y''=\frac{1}{4},\quad z''=z'-\frac{1}{4}+y'.$$

于是 $\frac{1}{4}\leq x''\leq y''\leq z''\leq \frac{1}{2}$，$x''+y''+z''=1$ 且

$$f(x'')+f(y'')+f(z'')>f(x')+f(y')+f(z').$$

若 $y'\geq \frac{1}{4}$，则不必做(2)；若 $x\geq \frac{1}{4}$，变换(1)也不必做。这样总可设 $\frac{1}{4}\leq x\leq y\leq z\leq \frac{1}{2}$。前段已经指出 $f(x)$ 在 $[\frac{1}{4},\frac{1}{2}]$ 上为上凸函数，所以有

$$f(x)+f(y)+f(z)\leq 3f\left(\frac{1}{3}\right)=\frac{3}{7}\sqrt{3},$$

当且仅当 $x=y=z=\frac{1}{3}$ 时等号成立，亦即当 $x=y=z=\frac{1}{3}$ 时，讨论表达式取得最大值 $\frac{3}{7}\sqrt{3}$。

注 若将条件 $x+y+z=1$ 改为 $x+y+z=\frac{1}{2}$，其它条件与表达式

都不变,结果又如何?

这时,$0 \leq x \leq y \leq z \leq \frac{1}{2}$,即由③知$f(x)$在$[0, \frac{1}{2}]$上为上凸函数,所以由琴生不等式有
$$f(x)+f(y)+f(z) \leq 3f(\tfrac{1}{6}) = 3 \times \tfrac{\sqrt{6}}{10} = \tfrac{3}{10}\sqrt{6}.$$
其中等号成立当且仅当$x=y=z=\tfrac{1}{6}$时,所以所求的最大值为$\tfrac{3}{10}\sqrt{6}$.

由(3)有
$$f'(x) = 2\cos x + \tfrac{1}{\cos^2 x} - 3 = \cos x + \cos x + \tfrac{1}{\cos^2 x} - 3$$
$$\geq 3\sqrt[3]{\cos x \cdot \cos x \cdot \cos^{-2} x} - 3 = 3 - 3 = 0.$$
因此现区间为$(0,1]$,故均值不等式中等号不能成立,所以有
$$f'(x) > 0, \quad 0 < x \leq 1.$$
又因$f(0)=0$,所以有
$$f(x) > 0, \quad 0 < x \leq 1.$$

即①成立.

2. 求证不等式
$$n\left(2\sin\frac{1}{n}+\tan\frac{1}{n}\right)>3, \quad n\in N^*. \qquad ①$$

证 将①等价地改写为
$$2\sin\frac{1}{n}+\tan\frac{1}{n}-\frac{3}{n}>0. \qquad ②$$

为此，考察函数 　　　特殊到一般 + 辅助函数法
$$f(x)=2\sin x+\tan x-3x, \quad 0<x\leq 1.$$

显然有 $f(0)=0$ 且
$$f'(x)=2\cos x+\frac{1}{\cos^2 x}-3=\frac{2\cos^3 x-3\cos^2 x+1}{\cos^2 x} \qquad ③$$

令
$$g(x)=2\cos^3 x-3\cos^2 x+1,$$

$f'(x)=\cos x+\cos x+\frac{1}{\cos^2 x}-3$
$\geq 3-3=0$
其中等号成立 $\iff x=0$
故 $f'(x)>0, \ 0<x\leq 1$.

于是 $g(0)=0$ 且
$$g'(x)=6\cos^2 x(-\sin x)-6\cos x(-\sin x)$$
$$=6\sin x\cos x(1-\cos x)>0, \quad 0<x\leq 1.$$

从而有
$$g(x)>0, \quad 0<x\leq 1.$$

再由③得
$$f'(x)>0, \quad 0<x\leq 1.$$

从而有
$$f(x)>0, \quad 0<x\leq 1,$$

所以对所有 $n\in N^*$，均有②成立，当然①成立。

注 由③式按均值不等式即可证 $f'(x)>0$，见左页。

3. 试证对任何 $n \in \mathbb{N}^*$，都有
$$\frac{e}{2n+2} < e-\left(1+\frac{1}{n}\right)^n < \frac{e}{2n+1}. \quad ①$$

证 (1) 先证①中后一个不等式
$$e-\left(1+\frac{1}{n}\right)^n < \frac{e}{2n+1}. \quad ①'$$

将①′依次改写为
$$e\frac{2n}{2n+1} = e - \frac{e}{2n+1} < \left(1+\frac{1}{n}\right)^n,$$
$$e < \left(1+\frac{1}{n}\right)^n\left(1+\frac{1}{2n}\right), \quad e^{\frac{1}{n}} < \left(1+\frac{1}{n}\right)\left(1+\frac{1}{2n}\right)^{\frac{1}{n}}. \quad ②$$

将②中的 $\frac{1}{n}$ 换成 x，得到加强的不等式 〔离散到连续〕
$$e^x < (1+x)\left(1+\frac{x}{2}\right)^x.$$

两端同时取对数，得到
$$x < \ln(1+x) + x\ln\left(1+\frac{x}{2}\right). \quad ③$$

可见，为证①′，只须证明③式于 $(0,1]$ 上成立. 〔求导法〕〔辅助函数法〕

令
$$g(x) = \ln(1+x) + x\ln\left(1+\frac{x}{2}\right) - x.$$

于是 $g(0) = 0$，且为证③式，只须证明 $g(x) > 0$ $(0 < x \le 1)$.

而这又只须验证 $g'(x) > 0$ $(0 < x < 1)$. 按求导公式有
$$g'(x) = \frac{1}{1+x} + \ln\left(1+\frac{x}{2}\right) + \frac{x}{2+x} - 1$$
$$= \ln\left(1+\frac{x}{2}\right) - \frac{x}{(1+x)(2+x)}. \quad ④$$

因为 $g'(0)=0$, 而
$$g''(x) = \frac{1}{2+x} - \frac{(1+x)(2+x) - x(2+x+1+x)}{[(1+x)(2+x)]^2}$$
$$= \frac{(1+x)^2(2+x) - (1+x)(2+x) + x(3+x)}{[(1+x)(2+x)]^2}$$
$$= \frac{x(1+x)(2+x) + x(3+x)}{[(1+x)(2+x)]^2} > 0, \quad x > 0.$$

所以有
$$g'(x) > 0, \quad g(x) > 0 \quad 0 < x \leq 1,$$

即有③成立.

(2) 再证①中前一个不等式：
$$\frac{e}{2n+2} < e - \left(1+\frac{1}{n}\right)^n \qquad \text{①'}$$

将①'改写成
$$\left(1+\frac{1}{n}\right)^n < e - \frac{e}{2n+2} = e\frac{2n+1}{2n+2} = e\frac{2n+1}{2n} \cdot \frac{n}{n+1},$$
$$e\left(1+\frac{1}{2n}\right) > \left(1+\frac{1}{n}\right)^{n+1}$$
$$\left[e\left(1+\frac{1}{2n}\right)\right]^{\frac{1}{n}} > \left(1+\frac{1}{n}\right)^{1+\frac{1}{n}}. \qquad ⑤$$

将⑤式中的 $\frac{1}{n}$ 换成 x，得到更强的连续变量的不等式
$$\left[e\left(1+\frac{x}{2}\right)\right]^x > (1+x)^{1+x} =$$

两端同时取自然对数，得到
$$x\left[1+\ln\left(1+\frac{x}{2}\right)\right] > (1+x)\ln(1+x). \qquad ⑥$$

下面证明当 $0 < x \leq 1$ 时⑥式成立. 令
$$f(x) = x + x\ln\left(1+\frac{x}{2}\right) - (1+x)\ln(1+x),$$

于是 $f(0) = 0$ 且按求导公式有
$$f'(x) = 1 + \ln\left(1+\frac{x}{2}\right) + \frac{x}{2+x} - \ln(1+x) - 1$$

$$= \frac{x}{2+x} - \ln\left(1 + \frac{x}{2+x}\right) > 0. \quad (\ln(1+t) < t)$$

从次有
$$f(x) > 0, \quad 0 < x \leq 1.$$

由此可知⑥式成立,进而⑤式成立.

综上可知,不等式①对所有 $n \in \mathbb{N}^*$ 都成立.

4. 设 $a_1, a_2, \cdots, a_n$ 是给定的不全为 0 的实数，$r_1, r_2, \cdots, r_n$ 是实数，如果不等式

$$\sum_{k=1}^{n} r_k(x_k - a_k) \leq \left(\sum_{k=1}^{n} x_k^2\right)^{\frac{1}{2}} - \left(\sum_{k=1}^{n} a_k^2\right)^{\frac{1}{2}} \quad \text{①}$$

对所有实数 $x_1, x_2, \cdots, x_n$ 都成立，求 $r_1, r_2, \cdots, r_n$ 的值。

(1988年中国数学奥林匹克1题)

解 取 $x_1 = t \neq a_1$，$x_2 = a_2$，$x_3 = a_3$，$\cdots$，$x_n = a_n$，由①有

$$r_1(t - a_1) \leq \left(t^2 + \sum_{k=2}^{n} a_k^2\right)^{\frac{1}{2}} - \left(a_1^2 + \sum_{k=2}^{n} a_k^2\right)^{\frac{1}{2}} \quad \text{②}$$

令 $b^2 = \sum_{k=2}^{n} a_k^2$，$f(t) = (t^2 + b^2)^{\frac{1}{2}}$，于是②式化为

$$r_1(t - a_1) \leq f(t) - f(a_1). \quad \text{③}$$

当 $t > a_1$，即 $t - a_1 > 0$ 时，由③有

$$r_1 \leq \frac{f(t) - f(a_1)}{t - a_1}. \quad \text{④}$$

令 $t \to a_1^+$，由④得 $r_1 \leq f'_+(a_1) = f'(a_1)$。类似地，当 $t \to a_1^-$ 时，又可得到 $r_1 \geq f'_-(a_1) = f'(a_1)$。故

$$r_1 = f'(a_1) = a_1 \left(\sum_{k=1}^{n} a_k^2\right)^{-\frac{1}{2}}.$$

同理得

$$r_i = a_i \left(\sum_{k=1}^{n} a_k^2\right)^{-\frac{1}{2}}, \quad i = 2, 3, \cdots, n.$$

其中 f'_+ 和 f'_- 分别表示 $f(t)$ 的右、左导数，即导数定义中的极限所对应之右极限和左极限。

注 参看《30》175页7题解2。

4-1 设 $a_1, a_2, \cdots, a_n$ 是给定的不全为 0 的非负实数,$r_1, r_2, \cdots, r_n$ 都是非负实数,如果不等式

$$\sum_{k=1}^n r_k(x_k - a_k) \le \left(\sum_{k=1}^n x_k^3\right)^{\frac{1}{3}} - \left(\sum_{k=1}^n a_k^3\right)^{\frac{1}{3}} \qquad ①$$

对所有非负实数 $x_1, x_2, \cdots, x_n$ 都成立,求 $r_1, r_2, \cdots, r_n$ 之值.

解 取 $x_1 = x_2 = \cdots = x_n = 0$,由①有

$$\sum_{k=1}^n r_k a_k \ge \left(\sum_{k=1}^n a_k^3\right)^{\frac{1}{3}}. \qquad ②$$

再取 $x_k = 2a_k$,$k = 1, 2, \cdots, n$,由①又有

$$\sum_{k=1}^n r_k a_k \le \left(\sum_{k=1}^n a_k^3\right)^{\frac{1}{3}}. \qquad ③$$

将②与③结合,得到

$$\sum_{k=1}^n r_k a_k = \left(\sum_{k=1}^n a_k^3\right)^{\frac{1}{3}}. \qquad ④$$

另一方面,取 $p = \frac{3}{2}$,$q = 3$,于是 $\frac{1}{p} + \frac{1}{q} = 1$,由赫尔德不等式

$$\sum_{k=1}^n r_k a_k \le \left(\sum_{k=1}^n r_k^{\frac{3}{2}}\right)^{\frac{2}{3}} \left(\sum_{k=1}^n a_k^3\right)^{\frac{1}{3}}. \qquad ⑤$$

比较④和⑤,得到

$$\left(\sum_{k=1}^n r_k^{\frac{3}{2}}\right)^{\frac{2}{3}} \ge 1. \qquad ⑥$$

在①中取 $x_k = \sqrt{r_k}$,$k = 1, 2, \cdots, n$,得到

$$\sum_{k=1}^n r_k^{\frac{3}{2}} - \sum_{k=1}^n r_k a_k \le \left(\sum_{k=1}^n r_k^{\frac{3}{2}}\right)^{\frac{1}{3}} - \left(\sum_{k=1}^n a_k^3\right)^{\frac{1}{3}}.$$

由④即得

$$\left(\sum_{k=1}^n r_k^{\frac{3}{2}}\right)^{\frac{2}{3}} \le 1. \qquad ⑦$$

⑥与⑦结合,得到

$$\left(\sum_{k=1}^n r_k^{\frac{3}{2}}\right)^{\frac{2}{3}} = 1. \qquad ⑧$$

由⑧和④可知,赫尔德不等式⑤中等号成立,从而有实数 λ,使得

$$r_k^{\frac{3}{2}} = \lambda a_k^3, \quad r_k = \lambda' a_k^2, \quad k=1,2,\cdots,n.$$

将此代入④有
$$\lambda' \sum_{k=1}^{n} a_k^3 = \left(\sum_{k=1}^{n} a_k^3\right)^{\frac{1}{3}}, \qquad ⑨$$

由⑨解得
$$\lambda' = \left(\sum_{k=1}^{n} a_k^3\right)^{-\frac{2}{3}}.$$

从次有
$$r_k = a_k^2 \left(\sum_{k=1}^{n} a_k^3\right)^{-\frac{2}{3}}, \quad k=1,2,\cdots,n.$$

解2 取 $x_i = t \neq a_i$, $x_j = a_j$, $j \neq i$. 由①有
$$r_i(t - a_i) \leq \left(\sum_{j \neq i} a_j^3 + t^3\right)^{\frac{1}{3}} - \left(\sum_{k=1}^{n} a_k^3\right)^{\frac{1}{3}}. \qquad ②$$

令
$$f_i(t) = \left(\sum_{j \neq i} a_j^3 + t^3\right)^{\frac{1}{3}}, \quad i=1,2,\cdots,n,$$

于是 $f_i(a_i) = \left(\sum_{k=1}^n a_k^3\right)^{\frac{1}{3}}$, 代入②, 得到
$$r_i(t - a_i) \leq f_i(t) - f_i(a_i). \qquad ③$$

注意 $t - a_i$ 的正负性, 我们有
$$r_i \begin{cases} \geq \dfrac{f_i(t) - f_i(a_i)}{t - a_i}, & \text{当 } t < a_i, \\ \leq \dfrac{f_i(t) - f_i(a_i)}{t - a_i}, & \text{当 } t > a_i. \end{cases} \qquad ④$$

因为函数 $f_i(t)$ 可导, 故对④中两式分别取 t 的极限时有
$$r_i \geq f_{i-}'(a_i) = f_i'(a_i),$$
$$r_i \leq f_{i+}'(a_i) = f_i'(a_i).$$

从次
$$r_i = f_i'(a_i) = a_i^2 \left(\sum_{k=1}^n a_k^3\right)^{-\frac{2}{3}}, \quad i=1,2,\cdots,n.$$

注 由解2可知, ①式右端可以为更一般的情形.

5. 设 x, y, z 为非负实数且 $x+y+z=1$，求证
$$\sum\left(\frac{20}{15-9x^2}-9x^2\right)\leq \frac{9}{7}. \quad ① \text{（《中等数学》06.2.14)}$$

求证 易见，当 $x=y=z=\frac{1}{3}$ 时，①式中等号成立。但类似于器先不等式的结果，似乎有可能用器先不等式来证明。但是否能用，要看函数

$$f(x)=\frac{20}{15-9x^2}-9x^2$$

是否是 $[0,1]$ 上的上凸函数。

辅助函数法
凸函数法

为此，由求导公式有

$$f'(x)=\frac{-20(-18x)}{(15-9x^2)^2}-18x=18\left[\frac{20x}{(15-9x^2)^2}-x\right]. \quad ②$$

$$f''(x)=18\left[\frac{20x}{(15-9x^2)^2}-x\right]'$$
$$=18\left[\frac{20\cdot(15-9x^2)-20x\cdot 2(-18x)}{(15-9x^2)^3}-1\right]$$
$$=18\left[\frac{300-180x^2+720x^2}{(15-9x^2)^3}-1\right]$$
$$=40\frac{5+9x^2}{(5-3x^2)^3}-18 \quad ③$$

由③可知，$f''(x)$ 在 $[0,1]$ 上严格递增，且当 x 在 0 附近时，$f''(x)<0$，当 x 在 1 附近时，$f''(x)>0$。从而 $f(x)$ 在 $[0,1]$ 上不是上凸函数，不能直接运用器先不等式。

下面我们另寻出路。令

$$\varphi(x)=\sum\frac{20}{15-9x^2}, \quad ④$$

易知，$\varphi(x)$ 不在 $x=y=z=\frac{1}{3}$ 时取最大值。下面来求 $\varphi(x)$ 的最大

值. 不妨设 $x \geq y \geq z$. 固定 y, 并视 $z = 1-x-y$ 为 x 的函数, 于是有

$$\varphi'(x) = \frac{360x}{(15-9x^2)^2} - \frac{360z}{(15-9z^2)^2} \geq 0$$

所以 $\varphi(x)$ 在 $[\frac{1}{3}, 1]$ 上递增. 于是可以使 x 变大, z 相应地变小, 直到 z 变成 0 为止. 这时 $\varphi(x)$ 值不减. 同理, 再使 x 变大, y 变小, 直到 y 变成 0 为止. 这时 x 变成 1, 且 $\varphi(x)$ 之值不减. 即当 $x=1, y=z=0$ 时, $\varphi(x)$ 取得最大值

$$\varphi(x) \leq \varphi(1) = \frac{20}{15-9} + \frac{20}{15} + \frac{20}{15} = 6. \qquad ⑤$$

(1) 将 ① 和 ⑤ 结合起来便知, 若 $9\sum x^2 \geq \frac{33}{7}$, 则有

$$\sum \left(\frac{20}{15-9x^2} - 9x^2\right) = \varphi(x) - 9\sum x^2 \leq 6 - \frac{33}{7} = \frac{9}{7},$$

即 ① 成立.

(2) 设 $9\sum x^2 < \frac{33}{7}$, 于是 $\sum x^2 < \frac{11}{21} < \frac{14}{21} = \frac{2}{3}$. 而由 ③ 知 $f''(x)$ 在 $[0,1]$ 上严格递增且

$$f''\left(\sqrt{\tfrac{2}{3}}\right) = 40 \times \frac{5 + 9 \times \frac{2}{3}}{(5 - 3 \times \frac{2}{3})^3} - 18 = 40 \times \frac{5+6}{27} - 18$$

$$= \frac{40 \times 11}{27} - 18 < 0.$$

所以在 $[0, \sqrt{\tfrac{2}{3}}]$ 上恒有 $f''(x) < 0$. 从而在 $[0, \sqrt{\tfrac{2}{3}}]$ 上 $f(x)$ 为上凸函数. 于是由琴生不等式知 ① 成立.

综上可知, 在题中所给的条件下, 不等式 ① 成立.

$xyz=1 \Rightarrow x,y,z$ 均不为 0

6 设 x,y,z 为非负实数且 $xyz=1$,求证
$$\frac{1}{\sqrt{1+x}}+\frac{1}{\sqrt{1+y}}+\frac{1}{\sqrt{1+z}} \leq \frac{3\sqrt{2}}{2}. \quad ①$$

(《中等数学》06-2-14页)

证 引入变量代换:
$$x=e^u, \quad y=e^v, \quad z=e^w.$$

于是有
$$e^{u+v+w}=e^u \cdot e^v \cdot e^w = xyz = 1.$$

所以 $u+v+w=0$. ① 式化为
$$\frac{1}{\sqrt{1+e^u}}+\frac{1}{\sqrt{1+e^v}}+\frac{1}{\sqrt{1+e^w}} \leq \frac{3\sqrt{3}}{2} \quad ①'$$

令
$$f(t)=\frac{1}{\sqrt{1+e^t}}=(1+e^t)^{-\frac{1}{2}}, \quad -\infty<t<+\infty.$$

于是按求导公式有 【辅助函数 凸函数法】
$$f'(t)=((1+e^t)^{-\frac{1}{2}})'=-\frac{1}{2}(1+e^t)^{-\frac{3}{2}}e^t < 0.$$
$$f''(t)=\frac{3}{4}(1+e^t)^{-\frac{5}{2}}e^t \cdot e^t - \frac{1}{2}(1+e^t)^{-\frac{3}{2}}e^t$$
$$=\frac{1}{2}(1+e^t)^{-\frac{5}{2}}e^t\left(\frac{3}{2}e^t-(1+e^t)\right)$$
$$=\frac{1}{2}(1+e^t)^{-\frac{5}{2}}e^t\left(\frac{1}{2}e^t-1\right) \begin{cases} \leq 0, & t \leq \ln 2, \\ \geq 0, & t \geq \ln 2. \end{cases}$$

所以 $f(t)$ 是 $(-\infty,+\infty)$ 上的减函数且在 $(-\infty,\ln 2]$ 上是上凸函数, 而在 $[\ln 2,+\infty)$ 上是凸函数 (下凸函数).

由对称性知, 不妨设 $u \geq v \geq w$. 因 $u+v+w=0$, 故必有 $w \leq 0, u \geq 0$. 令
$$I(u,v,w)=\frac{1}{\sqrt{1+e^u}}+\frac{1}{\sqrt{1+e^v}}+\frac{1}{\sqrt{1+e^w}}. \quad ②$$

(1) 当 $v > \ln 2$ 时，$u, v \in [\ln 2, +\infty)$ 即 $f(t)$ 在 $[\ln 2, +\infty)$ 上是凸函数，故有
$$\frac{1}{\sqrt{1+e^u}} + \frac{1}{\sqrt{1+e^v}} \leq \frac{1}{\sqrt{1+e^{u'}}} + \frac{1}{\sqrt{1+e^{v'}}},$$
其中 $v' = \ln 2$，$u' = u + v - \ln 2$。于是由②有
$$I(u, v, w) \leq I(u', v', w'), \quad w' = w.$$
这样一来，我化成了 $v \leq \ln 2$ 的情形。

(2) 设 $v \leq \ln 2$，$v, w \in (-\infty, \ln 2]$。$v + w = -u$。函数 $f(t)$ 在 $(-\infty, \ln 2]$ 上为上凸函数。故由琴生不等式有
$$\frac{1}{\sqrt{1+e^v}} + \frac{1}{\sqrt{1+e^w}} \leq \frac{2}{\sqrt{1+e^{-\frac{u}{2}}}}.$$

由②有
$$I(u,v,w) \leq I(u, -\frac{u}{2}, -\frac{u}{2}) = (1+e^u)^{-\frac{1}{2}} + 2(1+e^{-\frac{u}{2}})^{-\frac{1}{2}}. \quad ③$$

因③式右端只有一个变量 u，故可记之为 $\varphi(u)$。于是为证①，只须求函数 $\varphi(u)$ 于 $[0, +\infty)$ 上的最大值。

$$\varphi'(u) = -\frac{1}{2}(1+e^u)^{-\frac{3}{2}} e^u + \frac{1}{2}(1+e^{-\frac{u}{2}})^{-\frac{3}{2}} e^{-\frac{u}{2}}$$
$$= \frac{1}{2}\left[(1+e^{-\frac{u}{2}})^{-\frac{3}{2}} e^{-\frac{u}{2}} - (1+e^u)^{-\frac{3}{2}} e^u\right]$$
$$= \frac{1}{2}\left[e^{\frac{3u}{4}}(1+e^{\frac{u}{2}})^{-\frac{3}{2}} e^{-\frac{u}{2}} - (1+e^u)^{-\frac{3}{2}} e^u\right]$$
$$= \frac{1}{2}\left[e^{\frac{u}{4}}(1+e^{\frac{u}{2}})^{-\frac{3}{2}} - (1+e^u)^{-\frac{3}{2}} e^u\right]$$
$$= \frac{1}{2} e^{\frac{u}{4}}\left[(1+e^{\frac{u}{2}})^{-\frac{3}{2}} - (1+e^u)^{-\frac{3}{2}} e^{\frac{3u}{4}}\right]. \quad ④$$

由于
$$(1+e^{\frac{u}{2}})^{-\frac{3}{2}} \leq (1+e^u)^{-\frac{3}{2}} e^{\frac{3u}{4}}$$
$$\Longleftrightarrow 1+e^{\frac{u}{2}} \geq (1+e^u) e^{-\frac{u}{2}} =$$
$$\Longleftrightarrow e^{\frac{u}{2}} + e^u \geq 1 + e^u \Longleftrightarrow e^{\frac{u}{2}} \geq 1 成立.$$

故由⑪得 $\varphi'(u) \leq 0$，从而 $\varphi(u)$ 在 $[0,+\infty)$ 上为递减正数。所以有
$$I(u,v,w) \leq \varphi(u) \leq \varphi(0) = \frac{3\sqrt{2}}{2}.$$

※证2 由证1知，$f(t)$ 是 $(-\infty,+\infty)$ 上的减正数且在 $(-\infty,\ln 2]$ 上是上凸正数。

不妨设 $u \geq v \geq w$，$u+v+w=0$。于是 $u \geq 0$，$w \leq 0$。

(1) 若 $u \leq \ln 2$，则 $u,v,w \in (-\infty,\ln 2]$，由琴生不等式即得不等式①。

(2) $u > \ln 2$。固定 v，考察正数
$$\varphi(t) = (1+e^{u-t})^{-\frac{1}{2}} + (1+e^{w+t})^{-\frac{1}{2}}. \quad ⑤$$

按求导公式有
$$\varphi'(t) = \frac{1}{2}(1+e^{u-t})^{-\frac{3}{2}} e^{u-t} + \frac{1}{2}(1+e^{w+t})^{-\frac{3}{2}} e^{w+t}$$
$$= \frac{1}{2}[(1+e^{u-t})^{-\frac{3}{2}} e^{u-t} - (1+e^{w+t})^{-\frac{3}{2}} e^{w+t}] \quad ⑥$$

再令
$$\psi(s) = (1+e^s)^{-\frac{3}{2}} e^s.$$

于是有
$$\psi'(s) = -\frac{3}{2}(1+e^s)^{-\frac{5}{2}} e^{2s} + (1+e^s)^{-\frac{3}{2}} e^s$$
$$= (1+e^s)^{-\frac{5}{2}} e^s [-\frac{3}{2} e^s + (1+e^s)]$$
$$= (1+e^s)^{-\frac{5}{2}} e^s (1-\frac{1}{2} e^s) \begin{cases} >0, & s < \ln 2 \\ =0, & s = \ln 2 \\ <0, & s > \ln 2 \end{cases}$$

由此可知，

7. 设 $x_1, x_2, \cdots, x_n$ ($n \geq 2$) 都是正实数且 $\sum_{i=1}^{n} x_i = 1$, 求证

$$\sum_{i=1}^{n} \frac{x_i}{\sqrt{1-x_i}} \geq \frac{1}{\sqrt{n-1}} \sum_{i=1}^{n} \sqrt{x_i}.$$

(1989年中国数学奥林匹克)

证 令

$$f(x) = \frac{x}{\sqrt{1-x}} = x(1-x)^{-\frac{1}{2}},$$ （凸函数）

于是

$$f'(x) = (1-x)^{-\frac{1}{2}} + x \cdot \left(-\frac{1}{2}(1-x)^{-\frac{3}{2}}(-1)\right)$$
$$= (1-x)^{-\frac{1}{2}} + \frac{x}{2}(1-x)^{-\frac{3}{2}}$$
$$= (1-x)^{-\frac{3}{2}}\left(1-x+\frac{x}{2}\right) = (1-x)^{-\frac{3}{2}}\left(1-\frac{x}{2}\right),$$

$$f''(x) = -\frac{3}{2}(1-x)^{-\frac{5}{2}}(-1)\left(1-\frac{x}{2}\right) + (1-x)^{-\frac{3}{2}}\left(-\frac{1}{2}\right)$$
$$= \frac{3}{2}(1-x)^{-\frac{5}{2}}\left(1-\frac{x}{2}\right) - \frac{1}{2}(1-x)^{-\frac{3}{2}}$$
$$= \frac{1}{2}(1-x)^{-\frac{5}{2}}\left[3\left(1-\frac{x}{2}\right)-(1-x)\right]$$
$$= \frac{1}{2}(1-x)^{-\frac{5}{2}}\left(2-\frac{x}{2}\right) > 0 \qquad x \in (0,1).$$

所以 $f(x)$ 在 $(0,1)$ 中为凸函数, 又函数 $g(x) = -\sqrt{x}$ 也是凸函数, 所以 $f(x)+g(x)$ 也是 $(0,1)$ 中的凸函数, 于是由琴生不等式有

$$\sum_{i=1}^{n} \frac{x_i}{\sqrt{1-x_i}} - \frac{1}{\sqrt{n-1}} \sum_{i=1}^{n} \sqrt{x_i} \geq n\left(\frac{\frac{1}{n}}{\sqrt{1-\frac{1}{n}}} - \frac{\sqrt{\frac{1}{n}}}{\sqrt{n-1}}\right) = 0.$$

由此即得所求证的不等式。

8. 设 $a \geq b \geq c \geq 0$ 且 $a+b+c=3$，求证 $ab^2+bc^2+ca^2 \leq \dfrac{27}{8}$

（《中等数学》06-2-12页）

证 不难看出，当 $a=b=\dfrac{3}{2}$，$c=0$ 时，此求证不等式中等号成立。

固定 b，把 $c=3-b-a$ 视为 a 的函数，于是函数

$$f(a) = ab^2 + bc^2 + ca^2$$

为 a 的函数，其中 b 为常数。于是有 [辅助函数法 函数的单调性]

$$f'(a) = b^2 + 2bc\cdot(-1) + 2ac + (-1)a^2$$
$$= b^2 - a^2 + 2c(a-b) = (b+a)(b-a) + 2c(a-b)$$
$$= (a-b)\cdot(2c-a-b) \leq 0.$$

从而 $f(a)$ 为递减函数。这样，当 $a=b$ 时，$f(a)$ 最大，记为 $f_1(b)$。

$$f_1(b) = b^3 + b(3-2b)^2 + (3-2b)b^2$$
$$= b^3 + 9b - 12b^2 + 4b^3 + 3b^2 - 2b^3$$
$$= 3b^3 - 9b^2 + 9b$$

$$f_1'(b) = 9b^2 - 18b + 9 = 9(b-1)^2 \geq 0.$$

所以 $f_1(b)$ 为递增函数，当 $a=b=\dfrac{3}{2}$，$c=0$ 时，$f_1(b)$ 值最大，即 $f(a)$ 值最大。故有

$$ab^2 + bc^2 + ca^2 \leq \left(\dfrac{3}{2}\right)^3 = \dfrac{27}{8}.$$

9. 设 $x_k > 0$, $k=1,\cdots,n$, $\sum_{k=1}^{n} x_k = 1$, 求证

$$\prod_{k=1}^{n} \frac{1+x_k}{x_k} \geq \prod_{k=1}^{n} \frac{n-x_k}{1-x_k}.$$

(2006年国家队人培训8题)

解 令 $f(x) = \ln\left(1+\frac{1}{x}\right)$, $0 < x < 1$, 于是有

$$f'(x) = -\frac{1}{x+x^2}, \qquad f''(x) = \frac{2x+1}{(x+x^2)^2} > 0.$$

[凸函数法]

这表明 $f(x)$ 在区间 $(0,1)$ 中为下凸函数. 由琴生不等式有

$$\frac{\sum_{i=1,i\neq k}^{n} \ln\left(1+\frac{1}{x_i}\right)}{n-1} \geq \ln\left(1+\frac{n-1}{\sum_{i=1,i\neq k}^{n} x_i}\right),$$

因 $\ln x$ 单增, 所以有

$$\prod_{i=1,i\neq k}^{n}\left(1+\frac{1}{x_i}\right) \geq \left(1+\frac{n-1}{\sum_{i=1,i\neq k}^{n} x_i}\right)^{n-1} = \left(1+\frac{n-1}{1-x_k}\right)^{n-1}.$$

对上式将 $k=1,2,\cdots,n$ 这 n 个式子连乘, 化简后开方即得

$$\prod_{i=1}^{n}\left(1+\frac{1}{x_i}\right)^{n-1} \geq \prod_{k=1}^{n}\left(1+\frac{n-1}{1-x_k}\right)^{n-1},$$

$$\prod_{k=1}^{n} \frac{1+x_k}{x_k} \geq \prod_{k=1}^{n} \frac{n-x_k}{1-x_k}.$$

10. 设 $5n$ 个实数 r_i, s_i, t_i, u_i, v_i ($i=1,\cdots,n$) 都大于 1，记
$R = \frac{1}{n}\sum_{i=1}^{n} r_i$, $S = \frac{1}{n}\sum_{i=1}^{n} s_i$, $T = \frac{1}{n}\sum_{i=1}^{n} t_i$, $U = \frac{1}{n}\sum_{i=1}^{n} u_i$, $V = \frac{1}{n}\sum_{i=1}^{n} v_i$,

求证 $\prod_{i=1}^{n} \frac{r_i s_i t_i u_i v_i + 1}{r_i s_i t_i u_i v_i - 1} \geq \left(\frac{RSTUV+1}{RSTUV-1}\right)^n$. (1994 年集训队选拔考试)

证 1 令
$$f(x) = \ln\left(\frac{e^x+1}{e^x-1}\right), \quad x \in R^+.$$

[辅助函数] [凸函数证] [函数单调性]

于是有

$$f'(x) = \frac{e^x-1}{e^x+1} \cdot \frac{e^x(e^x-1) - e^x(e^x+1)}{(e^x-1)^2} = \frac{-2e^x}{e^{2x}-1} < 0,$$

$$f''(x) = \frac{-2e^x(e^{2x}-1) + 2e^x \cdot 2e^{2x}}{(e^{2x}-1)^2} = \frac{2e^x(e^{2x}+1)}{(e^{2x}-1)^2} > 0.$$

所以 $f(x)$ 在 $[1,+\infty)$ 上为凸函数.

现令 $x_i = \ln(r_i s_i t_i u_i v_i)$, $i=1,2,\cdots,n$ 且 $r = (r_1 r_2 \cdots r_n)^{\frac{1}{n}}$, $s = (s_1 s_2 \cdots s_n)^{\frac{1}{n}}$, $(t_1 t_2 \cdots t_n)^{\frac{1}{n}} = t$, $u = (u_1 u_2 \cdots u_n)^{\frac{1}{n}}$, $v = (v_1 v_2 \cdots v_n)^{\frac{1}{n}}$, 于是有

$$f(x_i) = \ln\left(\frac{r_i s_i t_i u_i v_i + 1}{r_i s_i t_i u_i v_i - 1}\right), \quad f\left(\frac{x_1+\cdots+x_n}{n}\right) = \ln\left(\frac{rstuv+1}{rstuv-1}\right).$$

由于函数 $g(x) = \frac{x+1}{x-1}$ 在 $(1,+\infty)$ 上为减函数, 故由琴生不等式有

$$\prod_{i=1}^{n} \frac{r_i s_i t_i u_i v_i + 1}{r_i s_i t_i u_i v_i - 1} \geq \left(\frac{rstuv+1}{rstuv-1}\right)^n \geq \left(\frac{RSTUV+1}{RSTUV-1}\right)^n.$$

其中, 因为 $x_i = \ln(r_i s_i t_i u_i v_i)$, 故有

$$\frac{1}{n}(x_1+\cdots+x_n) = \frac{1}{n}\left(\sum_{i=1}^{n} \ln(r_i s_i t_i u_i v_i)\right) = \frac{1}{n} \ln \prod_{i=1}^{n}(r_i s_i t_i u_i v_i)$$
$$= \ln[(rstuv)^n]^{\frac{1}{n}} = \ln(rstuv).$$

11. 给定 $k \in \mathbb{N}^*$ 及实数 $a > 0$，设 $k_1, k_2, \cdots, k_r$ 满足下列条件：
$k_1 + k_2 + \cdots + k_r = k$，$k_i \in \mathbb{N}^*$，$1 \leq r \leq k$，

求 $a^{k_1} + a^{k_2} + \cdots + a^{k_r}$ 的最大值。（1993年中国数学奥林匹克之题）

解 因为对任意 $a > 0$，$s, t \in \mathbb{N}^*$，都有
$$a(a^{s-1} - 1)(a^{t-1} - 1) \geq 0.$$

所以有
$$a^s + a^t \leq a + a^{s+t-1}.$$

从而有
$$a^{k_1} + a^{k_2} + \cdots + a^{k_r} \leq (r-1)a + a^{k-(r-1)}. \quad ①$$

因为指数与次数和一次函数都是下凸函数，所以函数 $f(x) = ax + a^{k-x}$ 为下凸函数。故 $f(x)$ 的最大值必在此区间之端点取得。因此有
$$(r-1)a + a^{k-(r-1)} \leq \max\{a^k, ka\}. \quad ②$$

由①和②得到
$$a^{k_1} + a^{k_2} + \cdots + a^{k_r} \leq (r-1)a + a^{k-(r-1)} \leq \max\{a^k, ka\}. \quad ③$$

又因③式右边指号中的两表均可能取得，故知所求的最大值为

$$\max\{a^k, ka\} = \begin{cases} ka, & \text{当 } a \leq k^{\frac{1}{k-1}}, k \geq 2, \\ a^k, & \text{当 } k = 1 \text{ 或 } a > k^{\frac{1}{k-1}}, k \geq 2. \end{cases}$$

12. 设 $a, b, c > 0$ 且 $ab+bc+ca=1$, 求证

$$\sqrt[3]{\frac{1}{a}+6b}+\sqrt[3]{\frac{1}{b}+6c}+\sqrt[3]{\frac{1}{c}+6a} \leq \frac{1}{abc}. \quad ①$$

证 由于 $ab+bc+ca=1$, 所以有 (鸽皮丛书《不等式》130页例7)

$$\frac{1}{a}+6b = \frac{ab+bc+ca}{a}+6b = 7b+\frac{bc}{a}+c.$$

同理有

$$\frac{1}{b}+6c = 7c+\frac{ca}{b}+a, \quad \frac{1}{c}+6a = 7a+\frac{ab}{c}+b.$$

3式相加, 得到

$$\frac{1}{a}+6b+\frac{1}{b}+6c+\frac{1}{c}+6a = 8(a+b+c)+\left(\frac{bc}{a}+\frac{ca}{b}+\frac{ab}{c}\right). \quad ②$$

因为 $\frac{bc}{a}+\frac{ca}{b}+\frac{ab}{c} = \frac{(bc)^2+(ca)^2+(ab)^2}{abc} \geq \frac{a^2bc+b^2ca+c^2ab}{abc} = a+b+c$, 代入②即得

$$\frac{1}{a}+6b+\frac{1}{b}+6c+\frac{1}{c}+6a \leq 6(a+b+c)+3\left(\frac{bc}{a}+\frac{ca}{b}+\frac{ab}{c}\right)$$

$$= \frac{3}{abc}\left(2a^2bc+2b^2ca+2c^2ab+(bc)^2+(ca)^2+(ab)^2\right)$$

$$= \frac{3}{abc}(bc+ca+ab)^2 = \frac{3}{abc}. \quad ③$$

令 $f(t)=\sqrt[3]{t}$, 于是 $f(t)$ 为上凸函数, 由琴生不等式有

$$\frac{1}{3}(f(t_1)+f(t_2)+f(t_3)) \leq f\left(\frac{t_1+t_2+t_3}{3}\right).$$

在上式中取 $t_1=\frac{1}{a}+6b$, $t_2=\frac{1}{b}+6c$, $t_3=\frac{1}{c}+6a$, 得到

$$\left[\frac{1}{3}\left(\sqrt[3]{\frac{1}{a}+6b}+\sqrt[3]{\frac{1}{b}+6c}+\sqrt[3]{\frac{1}{c}+6a}\right)\right]^3 \leq \frac{(\frac{1}{a}+6b)+(\frac{1}{b}+6c)+(\frac{1}{c}+6a)}{3} \leq \frac{1}{abc}. \quad ④$$

$$\sqrt[3]{\frac{1}{a}+6b}+\sqrt[3]{\frac{1}{b}+6c}+\sqrt[3]{\frac{1}{c}+6a} \leq \frac{3}{\sqrt[3]{abc}} = \frac{3\sqrt[3]{(abc)^2}}{abc}. \quad ⑤$$

由均值不等式有

$$1 = ab+bc+ca \geq 3\sqrt[3]{(abc)^2}$$

将此代入⑤即得所欲证①.

②-③式还可导出如下：

$$\frac{1}{a}+6b+\frac{1}{b}+6c+\frac{1}{c}+6a = \frac{bc+6ab^2c+ca+6abc^2+ab+6a^2bc}{abc}$$

$$= \frac{1+6(a^2bc+ab^2c+abc^2)}{abc}$$

$$\leq \frac{1+2(2a^2bc+2ab^2c+2abc^2+(ab)^2+(bc)^2+(ca)^2)}{abc}$$

$$= \frac{1+2(ab+bc+ca)^2}{abc} = \frac{3}{abc}.$$

13. 求证不等式
$$-1 < \left(\sum_{k=1}^{n} \frac{k}{k^2+1}\right) - \ln n \leq \frac{1}{2}, \quad n=1,2,\cdots. \quad ①$$

证 令   (2009年全国联赛二试二题)
$$x_n = \sum_{k=1}^{n} \frac{k}{k^2+1} - \ln n, \quad n=1,2,\cdots.$$

于是 $x_1 = \frac{1}{2}$. 先证如下的引理.

引理 当 $x>0$ 时, 成立不等式
$$\frac{x}{1+x} < \ln(1+x) < x. \quad ② \quad \boxed{辅助函数}$$

引理的证 令
$$f(x) = x - \ln(1+x), \quad g(x) = \ln(1+x) - \frac{x}{1+x}.$$

于是由求导公式知当 $x>0$ 时, 有
$$f'(x) = 1 - \frac{1}{1+x} = \frac{x}{1+x} > 0, \quad g'(x) = \frac{1}{1+x} - \frac{1}{(1+x)^2} = \frac{x}{(1+x)^2} > 0.$$

故知 $f(x)$ 与 $g(x)$ 于 $(0, +\infty)$ 中为严格递增函数. 又因
$$f(0)=0, \quad g(0)=0,$$

所以有
$$f(x)>0, \quad g(x)>0, \quad \text{当 } x>0.$$

由此即知 ② 式成立. 在 ② 中取 $x = \frac{1}{n}$, 得到
$$\frac{1}{n+1} < \ln\left(1+\frac{1}{n}\right) < \frac{1}{n}, \quad n=1,2,\cdots. \quad ③$$

利用不等式 ②, 我们有
$$x_n - x_{n-1} = \frac{n}{n^2+1} - \ln\left(1+\frac{1}{n-1}\right) < \frac{n}{n^2+1} - \frac{1}{n}$$
$$= -\frac{1}{n(n^2+1)} < 0.$$

这表明 $\{x_n\}$ 为严格递减数列. 所以
$$x_n < x_{n-1} < \cdots < x_2 < x_1 = \frac{1}{2}.$$

即①中后一个不等式成立.

再证①中的前一个不等式,用到
$$\ln n = (\ln n - \ln(n-1)) + (\ln(n-1) - \ln(n-2)) + \cdots + (\ln 2 - \ln 1) + \ln 1$$
$$= \sum_{k=1}^{n-1}(\ln(k+1) - \ln k) = \sum_{k=1}^{n-1} \ln(1+\tfrac{1}{k}),$$

所以
$$x_n = \sum_{k=1}^{n} \frac{k}{k^2+1} - \sum_{k=1}^{n-1} \ln(1+\tfrac{1}{k}) = \sum_{k=1}^{n-1}\left(\frac{k}{k^2+1} - \ln(1+\tfrac{1}{k})\right) + \frac{n}{n^2+1}$$
$$> \sum_{k=1}^{n-1}\left(\frac{k}{k^2+1} - \frac{1}{k}\right) = -\sum_{k=1}^{n-1}\frac{1}{k(k^2+1)} \geq -\sum_{k=1}^{n-1}\frac{1}{k(k+1)}$$
$$= -1 + \frac{1}{n} > -1,$$

这就完成了①式的证明.

注 ③的证明还可以改用均值不等式来完成如下:
$$\frac{1}{n+1} < \ln(1+\tfrac{1}{n}) < \frac{1}{n}$$
$$\iff n\ln(1+\tfrac{1}{n}) < 1 < (n+1)\ln(1+\tfrac{1}{n})$$
$$\iff (1+\tfrac{1}{n})^n < e < (1+\tfrac{1}{n})^{n+1}. \quad ③'$$

考虑下列 $n+1$ 个数 $\underbrace{1+\tfrac{1}{n}, 1+\tfrac{1}{n}, \cdots, 1+\tfrac{1}{n}}_{n}, 1$, 由均值不等式有
$$(1+\tfrac{1}{n})^{\frac{n}{n+1}} < 1 + \tfrac{1}{n+1}, \quad a_n = (1+\tfrac{1}{n})^n < (1+\tfrac{1}{n+1})^{n+1} = a_{n+1},$$

即数列 $\{a_n\} = \{(1+\tfrac{1}{n})^n\}$ 严格递增.

再对 $n+2$ 个数 $\underbrace{\tfrac{n}{n+1}, \tfrac{n}{n+1}, \cdots, \tfrac{n}{n+1}}_{n+1}, 1$ 运用均值不等式,又有
$$(\tfrac{n}{n+1})^{\frac{n+1}{n+2}} < \tfrac{n+1}{n+2}, \quad (1+\tfrac{1}{n})^{\frac{n+1}{n+2}} > 1 + \tfrac{1}{n+1},$$
$$b_n = (1+\tfrac{1}{n})^{n+1} > (1+\tfrac{1}{n+1})^{n+2} = b_{n+1}.$$

即数列 $\{b_n\} = \{(1+\tfrac{1}{n})^{n+1}\}$ 严格递减. 又因

$$\lim_{n\to\infty}\left(1+\frac{1}{n}\right)^n = e = \lim_{n\to\infty}\left(1+\frac{1}{n}\right)^{n+1},$$

所以 (3') 成立.

当然, $\{a_n\}$ 严格递增和 $\{b_n\}$ 严格递减还可以用数学分析中的伯努利不等式来证明.

14. 给定整数 $n \geq 4$，对任意满足
$$a_1 + a_2 + \cdots + a_n = b_1 + b_2 + \cdots + b_n > 0$$
的非负实数 $a_1, a_2, \cdots, a_n, b_1, b_2, \cdots, b_n$，求
$$\frac{\sum_{i=1}^{n} a_i(a_i + b_i)}{\sum_{i=1}^{n} b_i(a_i + b_i)} \qquad ①$$

的最大值。

(2011年中国数学奥林匹克竞赛5题)

解 由表达式①的零次齐次性知可设
$$a_1 + a_2 + \cdots + a_n = b_1 + b_2 + \cdots + b_n = 1.$$

由此可知
$$0 \leq a_1^2 + a_2^2 + \cdots + a_n^2,\ b_1^2 + b_2^2 + \cdots + b_n^2 \leq 1, \qquad ②$$
$$0 \leq \sum_{i=1}^{n} a_i b_i \leq 1.$$

由①和②有
$$\frac{\sum_{i=1}^{n} a_i(a_i+b_i)}{\sum_{i=1}^{n} b_i(a_i+b_i)} = \frac{\sum_{i=1}^{n} a_i^2 + \sum_{i=1}^{n} a_i b_i}{\sum_{i=1}^{n} b_i^2 + \sum_{i=1}^{n} a_i b_i} \leq \frac{1 + \sum_{i=1}^{n} a_i b_i}{\sum_{i=1}^{n} b_i^2 + \sum_{i=1}^{n} a_i b_i}, \qquad ③$$

其中等号成立当且仅当 $\sum a_i^2 = 1$. 由对称性可设 $a_1 = 1, a_2 = \cdots = a_n = 0$.

考察函数
$$f(x) = \frac{1+x}{c+x}, \quad 0 < c \leq 1 \text{ 为常数}, \ x > 0,$$

由于
$$f'(x) = \left(\frac{1+x}{c+x}\right)' = \frac{c-1}{(c+x)^2} \leq 0,$$

【辅助函数法】

所以，当 $c < 1$ 时，$f(x)$ 为 $[0, +\infty)$ 上的严格递减函数. 由③有
$$\frac{\sum_{i=1}^{n} a_i(a_i+b_i)}{\sum_{i=1}^{n} b_i(a_i+b_i)} \leq \frac{1}{\sum_{i=1}^{n} b_i^2}, \qquad ④$$

其中等号成立当且仅当 $\sum_{i=1}^{n} a_i b_i = 0$, 和 $\sum_{i=1}^{n} a_i^2 = 1$, 这又等价于

$$a_i = \begin{cases} 1, & i=1; \\ 0, & i=2,\cdots,n \end{cases} \text{和} \; b_1=0, \; b_2+\cdots+b_n=1. \quad \text{⑤}$$

于是④式化为
$$\frac{\sum_{i=1}^{n} a_i(a_i+b_i)}{\sum_{i=1}^{n} b_i(a_i+b_i)} \leq \frac{1}{\sum_{i=2}^{n} b_i^2}. \quad \text{④'}$$

由磨光法知 $b_2=b_3=\cdots=b_n=\frac{1}{n-1}$ 时，④'式右端分母取得最小值 $\frac{1}{n-1}$，即 ×④'式化为

离散到连续+求导法+连续到离散

$$\frac{\sum_{i=1}^{n} a_i(a_i+b_i)}{\sum_{i=1}^{n} b_i(a_i+b_i)} \leq n-1. \quad \text{⑥}$$

其中等号成立当且仅当

$$a_i=\begin{cases}1, & i=1;\\0, & i=2,\cdots,n\end{cases}, \quad b_i=\begin{cases}0, & i=1\\ \frac{1}{n-1}, & i=2,\cdots,n\end{cases}$$

时成立。

综上可知，所求⑴式的最大值为 $n-1$。

注1 原答案是从举例入手得到值 $n-1$ 之后，再证⑥式成立，即证
$$(n-1)\sum_{i=1}^{n} b_i^2 + (n-2)\sum_{i=1}^{n} a_i b_i \geq \sum_{i=1}^{n} a_i^2. \quad \text{⑦}$$

由对称性知可设 $b_1=\min\{b_1,b_2,\cdots,b_n\}$，于是
$$(n-1)\sum_{i=1}^{n}b_i^2+(n-2)\sum_{i=1}^{n}a_ib_i \geq (n-1)b_1^2+(n-1)\sum_{i=2}^{n}b_i^2+(n-2)a_1b_1$$
$$\geq (n-1)b_1^2+\left(\sum_{i=2}^{n}b_i\right)^2+(n-2)b_1 = (n-1)b_1^2+(1-b_1)^2+(n-2)b_1$$
$$= nb_1^2+(n-4)b_1+1 \geq 1 = \sum_{i=1}^{n}a_i \geq \sum_{i=1}^{n}a_i^2,$$

即⑦成立。

注2 对于本题，从图中可以看出，表达式中共有3个量 $\sum a_i^2$，$\sum b_i^2$ 和 $\sum a_i b_i$，且前两个量是互相独立变动的，但第3个量则与前两个量都是有关联的。因此，解题的思路自然应该是：

(1) 使 $\sum a_i^2$ 取最大值 1；

(2) 使 $\sum a_i b_i$ 取最小值 0；

(3) 使 $\sum b_i^2$ 在限定条件下取最小值。

(4) 如果需要，举例的问题也可从这个路子解决。

廿三 带参数的常用不等式

常用不等式中的均值不等式和柯西不等式在具体应用时，有时可以加入适当的参数，以拓广它们的使用范围并在应用时取得更有益的效果，例如

(1) 均值不等式　设 $a_i > 0$，$\lambda_i > 0$，$i = 1, 2, \cdots, n$ 且 $\lambda_1 \lambda_2 \cdots \lambda_n = 1$，则有
$$\sum_{i=1}^{n} \lambda_i a_i \geq n(a_1 a_2 \cdots a_n)^{\frac{1}{n}}.$$

显然，当 $\lambda_1 = \lambda_2 = \cdots = \lambda_n = 1$ 时，上式就是通常的均值不等式。

(2) 柯西不等式　设 a_i, b_i 都是实数，$i = 1, \cdots, n$ 且 $\lambda_i > 0$，$i = 1, 2, \cdots, n$，则有
$$\sum_{i=1}^{n} a_i b_i \leq \left(\sum_{i=1}^{n} \lambda_i a_i^2 \right)^{\frac{1}{2}} \left(\sum_{i=1}^{n} \frac{b_i^2}{\lambda_i} \right)^{\frac{1}{2}}.$$

显然，当 $\lambda_1 = \lambda_2 = \cdots = \lambda_n = 1$ 时，上式就是通常的柯西不等式。

(3) 赫尔德不等式　设 $p > 1$，$q > 1$ 且 $\frac{1}{p} + \frac{1}{q} = 1$，而其它条件与 (2) 一样，于是
$$\sum_{i=1}^{n} a_i b_i \leq \left(\sum_{i=1}^{n} (\lambda_i a_i)^p \right)^{\frac{1}{p}} \left(\sum_{i=1}^{n} \frac{b_i^q}{\lambda_i} \right)^{\frac{1}{q}}.$$

当 $p = q = 2$ 时，若记 $\lambda_i = \lambda_i'$，$i = 1, 2, \cdots, n$，则上式就化为 (2) 中的带参数的柯西不等式；当 $\lambda_i = 1$，$i = 1, \cdots, n$ 时，上式就是通常的赫尔德不等式。

对于数学竞赛中的某些竞赛题，通常的不等式难以使用，而若能及时加入参数，使用带参数的不等式，然后由待定系数法来确定其中的

参数，往往能取得出奇制胜的效果。

1. 设 x, y, z 是3个不全为0的实数，求正数
$$f(x,y,z) = \frac{xy+2yz+2zx}{x^2+y^2+z^2} \quad ①$$
的最大值。

解 显然，只须就 $x \geq 0, y \geq 0, z \geq 0, x^2+y^2+z^2 \neq 0$ 的情形来求 $f(x,y,z)$ 的最大值。因为函数 $f(x,y,z)$ 关于 x, y 对称，故可对分子的后两次运用带有相同参数的均值不等式，即有

$$xy+2yz+2zx \leq \frac{1}{2}x^2+\frac{1}{2}y^2+\lambda y^2+\frac{1}{\lambda}z^2+\frac{1}{\lambda}z^2+\lambda x^2$$
$$= \left(\frac{1}{2}+\lambda\right)x^2+\left(\frac{1}{2}+\lambda\right)y^2+\frac{2}{\lambda}z^2. \quad ②$$

为了使②式右端作为分子能与原分母约掉，只须取 λ，使得
$$\frac{1}{2}+\lambda = \frac{2}{\lambda}, \quad 即 \quad 2\lambda^2+\lambda-4=0.$$

解得 $\lambda = \frac{1}{4}(\sqrt{33}-1)$，代入②，得到
$$xy+2yz+2zx \leq \frac{1}{4}(\sqrt{33}+1)(x^2+y^2+z^2). \quad ③$$

将③代入①，得到
$$f(x,y,z) \leq \frac{1}{4}(\sqrt{33}+1). \quad ④$$

不难看出，当且仅当 $x = y = \frac{2}{\lambda}z$ 时，②中等号成立。由此可知，当 $x_0 = y_0 = 1, z_0 = \frac{1}{4}(\sqrt{33}-1)$ 时，④中等号成立。即知 $f(x,y,z)$ 的最大值为 $\frac{1}{4}(\sqrt{33}+1)$。

2. 有一块矩形铁片，尺寸是 80×50，现要在矩形4角各裁去一个同样大小的正方形，然后做成一个无盖的盒子，问该如何裁法方能使盒子容积最大？

解 设裁去的正方形的边长为 x，于是做成的盒子的容积为

$$V = x(80-2x)(50-2x). \qquad ①$$

若直接使用通常的均值不等式，则因 $80-2x$ 与 $50-2x$ 无法相等，所以求不到最大值，但这无等于均值不等式不能用，而是可试用带参数的均值不等式。

$$V = \lambda x \cdot \mu(50-2x) \cdot \frac{1}{\lambda\mu}(80-2x)$$
$$= \frac{1}{\lambda\mu}[\lambda x \cdot \mu(50-2x) \cdot (80-2x)]$$
$$\leq \frac{1}{\lambda\mu}\left\{\frac{1}{3}[\lambda x + \mu(50-2x) + (80-2x)]\right\}^3$$
$$= \frac{1}{27\lambda\mu}[50\mu + 80 + (\lambda - 2\mu - 2)x]^3 \qquad ②$$

为使②式右端与 x 无关，只须取 $\lambda = 2\mu + 2$；为使②式中等号成立，又只须

$$\lambda x = \mu(50-2x) = 80-2x$$
$$(2\mu+2)x = \mu(50-2x) = 80-2x \qquad ③$$

在③式中消去参数 μ，得到关于 x 的方程。

$$3x^2 - 130x + 1000 = 0 \qquad ④$$

由④外得符合题意的解为 $x = 10$，代入①，即得所求的最大值为

$$V = 10 \times (80-20) \times (50-20) = 18000.$$

注 $V = x(80-2x)(50-2x) = 4x^3 - 260x^2 + 4000x$

$V'(x) = 12x^2 - 520x + 4000 = 4(x-10)(3x-100)$

$x_1 = 10, \ x_2 = \frac{100}{3}$（舍去）   (2014.6.理)

3. 设 n 个正实数 $a_1, a_2, \cdots, a_n (n>3)$ 满足条件
$$(a_1^2+a_2^2+\cdots+a_n^2)^2 > (n-1)(a_1^4+a_2^4+\cdots+a_n^4) \quad ①$$
求证对这 n 个数中的任何 3 个 a_i, a_j, a_k,都成立不等式
$$(a_i^2+a_j^2+a_k^2)^2 > 2(a_i^4+a_j^4+a_k^4). \quad ②$$

(1988 年中国数学奥林匹克第四题)

证 1 由条件 ① 知,只须证明 $i=1, j=2, k=3$ 时 ② 式成立.
由 ① 及带参数的均值不等式有
$$(n-1)(a_1^4+a_2^4+\cdots+a_n^4) < (a_1^2+a_2^2+\cdots+a_n^2)^2$$
$$= (a_1^2+a_2^2+a_3^2)^2 + 2(a_1^2+a_2^2+a_3^2)(a_4^2+\cdots+a_n^2) + (a_4^2+\cdots+a_n^2)^2$$
$$\leq (a_1^2+a_2^2+a_3^2)^2 + (a_4^2+\cdots+a_n^2)^2 + \lambda(a_1^2+a_2^2+a_3^2)^2 + \frac{1}{\lambda}(a_4^2+\cdots+a_n^2)^2$$
$$= (1+\lambda)(a_1^2+a_2^2+a_3^2)^2 + (1+\frac{1}{\lambda})(a_4^2+\cdots+a_n^2)^2 \quad ③$$

对于 ③ 式右端第 2 项,由柯西不等式有
$$(a_4^2+\cdots+a_n^2)^2 = (1\cdot a_4^2+\cdots+1\cdot a_n^2)^2$$
$$\leq (n-3)(a_4^4+a_5^4+\cdots+a_n^4). \quad ④$$

将 ④ 代入 ③,得到
$$(n-1)(a_1^4+a_2^4+\cdots+a_n^4) < (1+\lambda)(a_1^2+a_2^2+a_3^2)^2 + (1+\frac{1}{\lambda})(n-3)(a_4^4+\cdots+a_n^4) \quad ⑤$$

由此可见,为了在 ⑤ 式两端消去 $a_4, a_5, \cdots, a_n$,只须使
$$(1+\frac{1}{\lambda})(n-3) = (n-1).$$

解得 $\lambda = \frac{n-3}{2}$,将 λ 之值代入 ⑤,整理即得
$$2(a_1^4+a_2^4+a_3^4) < (a_1^2+a_2^2+a_3^2)^2.$$

证2 使用带参数的柯西不等式，由①有
$$(n-1)(a_1^4+a_2^4+\cdots+a_n^4) < (a_1^2+a_2^2+\cdots+a_n^2)^2$$
$$=[\lambda(a_1^2+a_2^2+a_3^2)\cdot\frac{1}{\lambda}+a_4^2\cdot 1+\cdots+a_n^2\cdot 1]^2$$
$$\leq [\lambda^2(a_1^2+a_2^2+a_3^2)^2+a_4^4+\cdots+a_n^4](\frac{1}{\lambda^2}+n-3) \quad ⑥$$

为了将⑥式中的 $a_4,\cdots,a_n$ 消去，只须令
$$\frac{1}{\lambda^2}+n-3 = n-1.$$

解得 $\lambda^2=\frac{1}{2}$，将此代入⑥式，整理得到
$$2(a_1^4+a_2^4+a_3^4) < (a_1^2+a_2^2+a_3^2)^2.$$

证3 利用带参数的均值不等式，由①有
$$(n-1)(a_1^4+a_2^4+\cdots+a_n^4) < (a_1^2+a_2^2+\cdots+a_n^2)^2$$
$$=(a_1^2+a_2^2+\cdots+a_{n-1}^2)^2+2(a_1^2+a_2^2+\cdots+a_{n-1}^2)a_n^2+a_n^4$$
$$\leq (1+\lambda)(a_1^2+a_2^2+\cdots+a_{n-1}^2)^2+(1+\frac{1}{\lambda})a_n^4 \quad ⑦$$

令 $1+\frac{1}{\lambda}=n-1$，即 $\lambda=\frac{1}{n-2}$，代入⑦式得到
$$(n-1)(a_1^4+a_2^4+\cdots+a_n^4) < (1+\frac{1}{n-2})(a_1^2+a_2^2+\cdots+a_{n-1}^2)^2+(n-1)a_n^4.$$
$$(n-1)(a_1^4+a_2^4+\cdots+a_{n-1}^4) < \frac{n-1}{n-2}(a_1^2+a_2^2+\cdots+a_{n-1}^2)^2$$
$$(n-2)(a_1^4+a_2^4+\cdots+a_{n-1}^4) < (a_1^2+a_2^2+\cdots+a_{n-1}^2)^2. \quad ⑧$$

显然，这是由 n 到 $n-1$ 的递推式，由此递推即得
$$2(a_1^4+a_2^4+a_3^4) < (a_1^2+a_2^2+a_3^2)^2.$$

证4 利用带参数的柯西不等式，由①有
$$(n-1)(a_1^4+a_2^4+\cdots+a_n^4) < (a_1^2+a_2^2+\cdots+a_n^2)^2$$
$$=[(a_1^2+a_2^2+\cdots+a_{n-1}^2)+\frac{1}{\lambda}\cdot\lambda a_n^2]^2$$
$$\leq (1+\frac{1}{\lambda^2})[(a_1^2+a_2^2+\cdots+a_{n-1}^2)^2+\lambda^2 a_n^4].$$

$$= (1+\mu)(a_1^2 + a_2^2 + \cdots + a_{n-1}^2)^2 + (1+\frac{1}{\mu})a_n^4,$$

其中 $\mu = \frac{1}{n-2}$，此与⑦式相同，以下证明同证3.

证5 将不等式①取平方之后应用柯西不等式

$$(n-1)(a_1^4 + a_2^4 + \cdots + a_n^4) < (a_1^2 + a_2^2 + a_3^2 + a_4^2 + \cdots + a_n^2)^2$$

$$= (\frac{1}{2}(a_1^2 + a_2^2 + a_3^2) + \frac{1}{2}(a_1^2 + a_2^2 + a_3^2) + a_4^2 + \cdots + a_n^2)^2$$

$$\leq (n-1)[\frac{1}{4}(a_1^2 + a_2^2 + a_3^2)^2 + \frac{1}{4}(a_1^2 + a_2^2 + a_3^2)^2 + a_4^4 + \cdots + a_n^4]$$

$$= (n-1)\cdot\frac{1}{2}(a_1^2 + a_2^2 + a_3^2)^2 + (n-1)(a_4^4 + \cdots + a_n^4). \quad ⑨$$

整理即得

$$2(a_1^4 + a_2^4 + a_3^4) < (a_1^2 + a_2^2 + a_3^2)^2.$$

这个证明既巧妙又简单，当然很好，当年湖北考生罗小奎就因为这一出色的证明而获得冬令营的特别奖。

4. 设 $x_1, x_2, x_3 \geq 0$ 且 $x_1+x_2+x_3=1$, 求函数
$$f(x_1, x_2, x_3) = x_1 x_2^2 x_3 + x_1 x_2 x_3^2 \qquad ①$$
的最大值.

解 若对①式右端两次分别应用均值不等式, 则有
$$x_1 x_2^2 x_3 = \frac{1}{4}(2x_1) x_2 x_2 (2x_3) \leq \frac{1}{4}\left(\frac{2x_1+x_2+x_2+2x_3}{4}\right)^4 = \frac{1}{64}, \qquad ②$$
其中等号成立当且仅当 $2x_1 = x_2 = 2x_3$. 同理有
$$x_1 x_2 x_3^2 = \frac{1}{4}(2x_1)(2x_2) x_3 \cdot x_3 \leq \frac{1}{4}\left(\frac{2x_1+2x_2+x_3+x_3}{4}\right)^4 = \frac{1}{64}, \qquad ③$$
其中等号成立当且仅当 $2x_1 = 2x_2 = x_3$. 显然②和③中的等号不能同时成立, 所以得不到 $f(x_1, x_2, x_3)$ 的最大值. 因此, 要用带参数的均值不等式. 但是, 如果参数入的值事先可以看出, 则可直接代入.
$$f(x_1, x_2, x_3) = x_1 x_2 x_3 (x_2+x_3) = \frac{1}{12}(3x_1)(2x_2)(2x_3)(x_2+x_3)$$
$$\leq \frac{1}{12}\left(\frac{3x_1+2x_2+2x_3+x_2+x_3}{4}\right)^4 = \frac{1}{12} \times \frac{81}{256} = \frac{27}{1024},$$
其中等号成立, 当且仅当 $x_1 = \frac{1}{4}$, $x_2 = x_3 = \frac{3}{8}$. 所以 $f(x_1, x_2, x_3)$ 的最大值为 $\frac{27}{1024}$.

注 若写成
$$x_1 x_2 x_3 (x_2+x_3) = \frac{1}{2}(2x_1) x_2 x_3 (x_2+x_3) \leq \frac{1}{2}\left(\frac{2x_1+x_2+x_3+(x_2+x_3)}{4}\right)^4$$
则无法使4次相等而取得最大值.

5 实数 a, b, c 及正数 λ 使得 $f(x) = x^3 + ax^2 + bx + c$ 有3个实根 x_1, x_2, x_3 且满足

(i) $x_2 - x_1 = \lambda$；

(ii) $x_3 > \frac{1}{2}(x_1 + x_2)$.

求表达式 $\dfrac{2a^3 + 27c - 9ab}{\lambda^3}$ 的最大值. (2002年全国联赛二试二题)

解 因为 $f(x_3) = 0$, 所以有
$$f(x) = f(x) - f(x_3) = (x - x_3)[x^2 + (a + x_3)x + x_3^2 + ax_3 + b]$$

因 x_1, x_2 都是 $f(x)$ 的根且异于 x_3, 所以 x_1 和 x_2 都是方程
$$x^2 + (a + x_3)x + x_3^2 + ax_3 + b = 0$$

的根且恰是这个方程的两个根. 由(i)可得
$$(a + x_3)^2 - 4(x_3^2 + ax_3 + b) = (x_1 - x_2)^2 = \lambda^2. \quad ※$$
$$3x_3^2 + 2ax_3 + \lambda^2 + 4b - a^2 = 0.$$

由此解得
$$x_3 = \frac{1}{6}(-2a \pm \sqrt{4a^2 - 12(\lambda^2 + 4b - a^2)}) = \frac{1}{3}(-a \pm \sqrt{4a^2 - 12b - 3\lambda^2}). \quad ①$$

由韦达定理及(ii)有
$$x_1 + x_2 + x_3 = -a, \quad x_3 > \frac{1}{3}(x_1 + x_2 + x_3) = -\frac{a}{3}.$$

由此及①即得
$$x_3 = \frac{1}{3}(-a + \sqrt{4a^2 - 12b - 3\lambda^2}), \quad ②$$

且有 $4a^2 - 12b - 3\lambda^2 > 0$. ③

改写
$$f(x) = x^3 + ax^2 + bx + c = (x + \frac{a}{3})^3 - (\frac{a^2}{3} - b)(x + \frac{a}{3}) + \frac{2}{27}a^3 + c - \frac{1}{3}ab.$$

又由 $f(x_3) = 0$ 可得

$$(x_3+\tfrac{a}{3})^3-(\tfrac{a^2}{3}-b)(x_3+\tfrac{a}{3})=\tfrac{1}{3}ab-\tfrac{2}{27}a^3-c. \quad ④$$

由②有

$$x_3+\tfrac{a}{3}=\tfrac{1}{3}\sqrt{4a^2-12b-3\lambda^2}=\tfrac{2\sqrt{3}}{3}\sqrt{\tfrac{a^2}{3}-b-\tfrac{\lambda^2}{4}}.$$

令 $\varphi=\tfrac{a^2}{3}-b$，由③和④可知 $\varphi\geq\tfrac{\lambda^2}{4}$ 及

$$\tfrac{1}{3}ab-\tfrac{2}{27}a^3-c=(x_3+\tfrac{a}{3})[(x_3+\tfrac{a}{3})^2-\varphi]$$
$$=\tfrac{2\sqrt{3}}{3}\sqrt{\varphi-\tfrac{\lambda^2}{4}}[\tfrac{4}{3}(\varphi-\tfrac{\lambda^2}{4})-\varphi]$$
$$=\tfrac{2\sqrt{3}}{9}(\varphi-\lambda^2)\sqrt{\varphi-\tfrac{\lambda^2}{4}}. \quad ⑤$$

令 $y=\sqrt{\varphi-\tfrac{\lambda^2}{4}}$，代入⑤，得到 $y\geq 0$ 且

$$\tfrac{1}{3}ab-\tfrac{2}{27}a^3-c=\tfrac{2\sqrt{3}}{9}y(y^2-\tfrac{3}{4}\lambda^2). \quad ⑥'$$

$$2a^3+27c-9ab=6\sqrt{3}\,y(\tfrac{3}{4}\lambda^2-y^2). \quad ⑥$$

为求⑥式左端与 λ^3 之比的最大值，我们使用带参数 α 的值不等式，有

$$y(\tfrac{\sqrt{3}}{2}\lambda+y)(\tfrac{\sqrt{3}}{2}\lambda-y)=\tfrac{1}{\alpha(1+\alpha)}y\cdot\alpha(\tfrac{\sqrt{3}}{2}\lambda+y)\cdot(1+\alpha)(\tfrac{\sqrt{3}}{2}\lambda-y)$$
$$\leq\tfrac{1}{\alpha(1+\alpha)}\left(\tfrac{y+\alpha(\tfrac{\sqrt{3}}{2}\lambda+y)+(1+\alpha)(\tfrac{\sqrt{3}}{2}\lambda-y)}{3}\right)^3$$
$$=\tfrac{1}{27\alpha(1+\alpha)}\left(\tfrac{\sqrt{3}}{2}\lambda(1+2\alpha)\right)^3, \quad ⑦$$

其中等号成立当且仅当

$$y=\alpha(\tfrac{\sqrt{3}}{2}\lambda+y)=(1+\alpha)(\tfrac{\sqrt{3}}{2}\lambda-y). \quad ⑧$$

由⑧可得

$$\tfrac{\sqrt{3}}{2}\lambda\tfrac{\alpha}{1-\alpha}=y=\tfrac{\sqrt{3}}{2}\lambda\tfrac{1+\alpha}{2+\alpha}. \quad ⑨$$

$$2\alpha^2+2\alpha-1=0.$$

解得

$$\alpha = \frac{\sqrt{3}-1}{2}, \quad 1+\alpha = \frac{\sqrt{3}+1}{2}, \quad 1+2\alpha = \sqrt{3}.$$

代入 ⑦ 并结合 ⑥，得到

$$\frac{2a^3+27c-9ab}{\lambda^3} \leqslant 6\sqrt{3} \cdot \frac{1}{27} \cdot \frac{1}{\frac{\sqrt{3}-1}{2} \cdot \frac{\sqrt{3}+1}{2}} \left(\frac{3}{2}\right)^3 = \frac{3\sqrt{3}}{2}. \quad ⑩$$

另一方面，取 $a=2\sqrt{3}$, $b=2$, $c=0$, $\lambda=2$. 则 $f(x) = x^3 + 2\sqrt{3}x^2 + 2x = x(x^2+2\sqrt{3}x+2)$ 的 3 个根为 $-\sqrt{3}-1$, $-\sqrt{3}+1$, 0. 容易验证，这 3 个根满足条件 (i) 和 (ii) 且有

$$\frac{2a^3+27c-9ab}{\lambda^3} = \frac{1}{8}(48\sqrt{3}-36\sqrt{3}) = \frac{3\sqrt{3}}{2}.$$

综上可知，所求的最大值为 $\frac{3\sqrt{3}}{2}$.

选1 令 $c=0$, $a>0$, $b>0$, 于是 $x_3=0$. 由 (*) 式可得

$$\lambda^2 = a^2 - 4b. \quad ⑪$$

由 ⑨ 有

$$y = \frac{\alpha}{1-\alpha} \cdot \frac{\sqrt{3}}{2}\lambda = \frac{\frac{\sqrt{3}-1}{2}}{1-\frac{\sqrt{3}-1}{2}} \cdot \frac{\sqrt{3}}{2}\lambda = \frac{\lambda}{2}.$$

又因

$$y = \sqrt{p - \frac{\lambda^2}{4}}, \quad p = \frac{a^2}{3} - b,$$

所以又有

$$\frac{\lambda^2}{4} = y^2 = p - \frac{\lambda^2}{4}, \quad \frac{\lambda^2}{2} = p = \frac{a^2}{3} - b, \quad \lambda^2 = \frac{2a^2}{3} - 2b. \quad ⑫$$

将 ⑪ 与 ⑫ 联立，解得 $a^2 = 6b$. 代入 ⑪，得到 $\lambda^2 = 2b$. 这样一来，取 $b=2$, 则 $a=2\sqrt{3}$, $\lambda=2$, ⑩ 式中等号成立. 若取 $b=6$, 则 $a=6$, $\lambda=2\sqrt{3}$, ⑩ 式中也是等号成立.

注2 用导数法来求⑥式右边的最大值，则更为简单，令
$$g(y) = y\left(\frac{3}{4}\lambda^2 - y^2\right).$$

于是有
$$g'(y) = \frac{3}{4}\lambda^2 - 3y^2 = 3\left(\frac{\lambda^2}{4} - y^2\right)$$
$$= 3\left(\frac{\lambda}{2} + y\right)\left(\frac{\lambda}{2} - y\right).$$

因 $\lambda > 0$，故 $y = \frac{\lambda}{2}$ 是 $g'(y)$ 的唯一零点（在 $[0, +\infty)$ 上），又因当 y 经过 $\frac{\lambda}{2}$ 前后，$g'(y)$ 由 + 变 −，所以 $y = \frac{\lambda}{2}$ 是 $g(y)$ 的最大值点.
$$g\left(\frac{\lambda}{2}\right) = \frac{\lambda}{2}\left(\frac{3}{4}\lambda^2 - \frac{1}{4}\lambda^2\right) = \frac{1}{4}\lambda^3.$$

将此代入⑥式，即得
$$2a^3 + 27c - 9ab \leq 6\sqrt{3} \cdot \frac{1}{4}\lambda^3 = \frac{3\sqrt{3}}{2}\lambda^3.$$

6. 设 $0<\theta<\pi$,求 $\sin\frac{\theta}{2}(1+\cos\theta)$ 的最大值.

(1994年全国联赛一试二-4题)

解 由三角公式和均值不等式有
$$\sin\frac{\theta}{2}(1+\cos\theta) = 2\sin\frac{\theta}{2}\cos^2\frac{\theta}{2} = \sqrt{2}\left(2\sin^2\frac{\theta}{2}\cos^4\frac{\theta}{2}\right)^{\frac{1}{2}}$$
$$\leq \sqrt{2}\left(\frac{2\sin^2\frac{\theta}{2}+\cos^2\frac{\theta}{2}+\cos^2\frac{\theta}{2}}{3}\right)^{\frac{3}{2}}$$
$$= \sqrt{2}\left(\frac{2}{3}\right)^{\frac{3}{2}} = \sqrt{2}\cdot\frac{2}{3}\sqrt{\frac{2}{3}} = \frac{4}{9}\sqrt{3},$$

其中等号成立当且仅当
$$2\sin^2\frac{\theta}{2} = \cos^2\frac{\theta}{2}, \quad \theta = 2\arctan\frac{\sqrt{2}}{2}.$$

所以,所求的最大值为 $\frac{4\sqrt{3}}{9}$.

7. 设 $x, y \in \mathbb{R}$, $x^2+2xy-y^2=7$. 求 x^2+y^2 的最小值.
(1997年上海市选赛一试16题)

解 由含参数的均值不等式有
$$7 = x^2+2xy-y^2 = x^2+2(\lambda x)\left(\frac{y}{\lambda}\right)-y^2$$
$$\leq x^2+\lambda^2 x^2+\frac{y^2}{\lambda^2}-y^2 = (1+\lambda^2)x^2+\left(\frac{1}{\lambda^2}-1\right)y^2. \quad ①$$

为使①式右端化出 x^2+y^2, 只须取
$$1+\lambda^2 = \frac{1}{\lambda^2}-1, \quad 2+\lambda^2-\frac{1}{\lambda^2}=0.$$
$$\lambda^4+2\lambda^2-1=0.$$

解得
$$\lambda^2 = \frac{1}{2}(-2+\sqrt{8}) = \sqrt{2}-1.$$

这表明, 当 $\lambda^2=\sqrt{2}-1$ 时, ①式中等号成立. 这时, ①式化为
$$7 \leq (1+\lambda^2)x^2+\left(\frac{1}{\lambda^2}-1\right)y^2 = \sqrt{2}(x^2+y^2). \quad ②$$
$$x^2+y^2 \geq \frac{7\sqrt{2}}{2}. \quad ③$$

且当
$$\lambda x = \frac{y}{\lambda}, \quad \lambda^2 x = y, \quad y = (\sqrt{2}-1)x$$

时①中等号成立, 从而③中等号成立. 由
$$\begin{cases} x^2+2xy-y^2=7 \\ y=(\sqrt{2}-1)x \end{cases}$$

解得
$$x^2 = \frac{7}{4(\sqrt{2}-1)}, \quad y^2 = \frac{7(3-2\sqrt{2})}{4(\sqrt{2}-1)}, \quad x = \left(\frac{7}{4(\sqrt{2}-1)}\right)^{\frac{1}{2}}, \quad y = \left(\frac{7(3-2\sqrt{2})}{4(\sqrt{2}-1)}\right)^{\frac{1}{2}}$$

此时 (x,y) 满足题中条件且③式中等号成立. 所以 x^2+y^2 的最小值为 $\frac{7\sqrt{2}}{2}$.

8. 设 a 为正常数,求函数 $f(x)=|\sin x\cdot(a+\cos x)|$ $(x\in R)$ 的最大值. (《李培优一试》155页例6.8之题)

解 引入正参数 λ,由averaging不等式与均值不等式有
$$f^2(x)=\frac{1}{\lambda^2}\sin^2 x(a\lambda+\lambda\cos x)^2\le\frac{1}{\lambda^2}\sin^2 x(\lambda^2+\cos^2 x)(a^2+\lambda^2)$$
$$\le\frac{1}{\lambda^2}\left(\frac{\sin^2 x+\lambda^2+\cos^2 x}{2}\right)^2(a^2+\lambda^2)$$
$$=\frac{1}{\lambda^2}\left(\frac{1+\lambda^2}{2}\right)^2(a^2+\lambda^2). \qquad ①$$

其中等号成立,当且仅当
$$\begin{cases}\lambda^2=a\cos x, & ② \\ \sin^2 x=\lambda^2+\cos^2 x. & ③\end{cases}$$

②与③联立,消去 x,得到 λ 的方程:
$$\lambda^2=\sin^2 x-\cos^2 x=1-2\cos^2 x=1-2\left(\frac{\lambda^2}{a}\right)^2$$
$$a^2\lambda^2=a^2-2\lambda^4, \qquad 2\lambda^4+a^2\lambda^2-a^2=0$$

解得 $\lambda^2=\frac{1}{4}(\sqrt{a^4+8a^2}-a^2)$. 代入②,得到
$$\cos x=\frac{1}{4a}(\sqrt{a^2+8}-a).$$

所以,当 $x=\arccos\left[\frac{1}{4a}(\sqrt{a^2+8}-a)\right]$ 时,由①和②得 $f(x)$ 的最大值为
$$\max f(x)=\frac{\sqrt{a^4+8a^2}-a^2+4}{8}\sqrt{\frac{\sqrt{a^4+8a^2}+a^2+2}{2}}.$$

注 改写 $f^2(x)=(1-\cos^2 x)(a+\cos x)^2$. 令 $\cos x=t$, 并令 $\varphi(t)=(1-t^2)(a+t)^2$. 然后求导有 $\varphi'(t)=2(a+t)(1-2t^2-at)$. 求得3个根: $t=-a$, $t=\frac{1}{4}(-a\pm\sqrt{a^2+8})$. 虽然也可解得,但与本题解法相比,并不占有明显优势.

9. 设 a, b, c, d 是不全为0的实数, 求函数
$$f = \frac{ab+2bc+cd}{a^2+b^2+c^2+d^2} \quad \text{①}$$
的最大值. （《李胜宏不等式》110页例1）

解 因为分子表达式不对称, 即分$\oplus$对称, 故可用带参数的不等式将分子不等地位为对称. 设 λ, μ, ν 均大于0. 于是有

$$ab \le \frac{\lambda}{2}a^2 + \frac{b^2}{2\lambda}, \quad bc \le \frac{\mu}{2}b^2 + \frac{c^2}{2\mu}, \quad cd \le \frac{\nu}{2}c^2 + \frac{d^2}{2\nu} \quad \text{②}$$

$$ab+2bc+cd \le \frac{\lambda}{2}a^2 + \left(\frac{1}{2\lambda}+\mu\right)b^2 + \left(\frac{1}{\mu}+\frac{\nu}{2}\right)c^2 + \frac{1}{2\nu}d^2 \quad \text{②'}$$

令
$$\frac{\lambda}{2} = \frac{1}{2\lambda}+\mu = \frac{1}{\mu}+\frac{\nu}{2} = \frac{1}{2\nu}.$$

解得
$$\lambda = \frac{1}{\nu}, \quad \frac{\nu}{2}+\mu = \frac{1}{\mu}+\frac{\nu}{2}, \quad \mu = 1, \quad \frac{\lambda}{2} = \frac{1}{2\lambda}+1$$
$$\lambda^2 - 2\lambda - 1 = 0, \quad \lambda = \sqrt{2}+1, \quad \nu = \frac{1}{\lambda} = \sqrt{2}-1. \quad \text{③}$$

将③代入②', 得到
$$ab+2bc+cd \le \frac{\sqrt{2}+1}{2}(a^2+b^2+c^2+d^2). \quad \text{④}$$

由②知当
$$\lambda^2 a^2 = b^2, \quad b^2 = c^2, \quad \nu^2 c^2 = d^2$$
$$\lambda a = b, \quad b = c, \quad \nu c = d$$

时等号成立, 即当 $a = d = \sqrt{2}-1$, $b = c = 1$ 时等号成立. 所以 f 的最大值为 $\frac{1}{2}(\sqrt{2}+1)$.

10. 设 $x, y, z \in R^+$ 且 $x^4+y^4+z^4=1$,求函数
$$f(x,y,z) = \frac{x^3}{1-x^8} + \frac{y^3}{1-y^8} + \frac{z^3}{1-z^8} \qquad ①$$
的最小值. (《李联套不等式》113页例4)

解 将①式改写为
$$f(x,y,z) = \frac{x^4}{x(1-x^8)} + \frac{y^4}{y(1-y^8)} + \frac{z^4}{z(1-z^8)}. \qquad ②$$

令
$$\varphi(w) = w(1-w^8), \quad w \in (0,1)$$

并求出 $\varphi(w)$ 的最大值. 引入参数 α 并利用均值不等式,有
$$\alpha(\varphi(w))^8 = \alpha w^8 (1-w^8)^8 \le \left[\frac{1}{9}(\alpha w^8 + 8(1-w^8))\right]^9$$
$$= \left[\frac{1}{9}(8 + (\alpha-8)w^8)\right]^9. \qquad ③$$

为使③式右端与 w 无关, 取 $\alpha = 8$. 于是有
$$8(\varphi(w))^8 \le \left(\frac{8}{9}\right)^9.$$

注意 $\varphi(w)>0$, 所以有
$$\varphi(w) \le \frac{8}{\sqrt[8]{3^9}} = \frac{8}{9}\cdot\frac{1}{\sqrt[8]{3}}. \qquad ④$$

将④代入②, 再利用 $x^4+y^4+z^4=1$, 得到
$$f(x,y,z) \ge \frac{1}{8}(x^4+y^4+z^4)\sqrt[8]{3^9} = \frac{9}{8}\sqrt[8]{3}. \qquad ⑤$$

由④知, 当且仅当 $w = \frac{1}{\sqrt[8]{3}}$ 时, ④中等号成立. 所以, 当 $x=y=z = \frac{1}{\sqrt[8]{3}}$ 时, ⑤中等号成立. 故 $f(x,y,z)$ 的最小值为 $\frac{9}{8}\sqrt[8]{3}$.

注 $\varphi(x) = x(1-x^8)$, $\varphi'(x) = 1-x^8 + x(-8x^7) = 1-9x^8$.
$\varphi''(x) = -72x^7 < 0$, 所以 $\varphi(x)$ 在 $x_0 = \frac{1}{\sqrt[8]{3}}$ 处取得最大值
$$\varphi(x_0) = \frac{1}{\sqrt[8]{3}}\left(1-\frac{1}{9}\right) = \frac{8}{9\sqrt[8]{3}}.$$

11. 设 $p, q \in R^+$, $x \in (0, \frac{\pi}{2})$, 求函数
$$f(x) = \frac{p}{\sqrt{\sin x}} + \frac{q}{\sqrt{\cos x}}$$
的最小值. (《李朋宏不等式》112页例3)

解 由柯西不等式有
$$(\sqrt{pm} + \sqrt{qn})^2 \leq \left(\frac{p}{\sqrt{\sin x}} + \frac{q}{\sqrt{\cos x}}\right)(m\sqrt{\sin x} + n\sqrt{\cos x}), \quad ①$$

其中等号成立当且仅当
$$\frac{\frac{p}{\sqrt{\sin x}}}{m\sqrt{\sin x}} = \frac{\frac{q}{\sqrt{\cos x}}}{n\sqrt{\cos x}}, \quad \frac{p}{m\sin x} = \frac{q}{n\cos x}, \quad \tan x = \frac{np}{mq}. \quad ②$$

对于①式右端第2个因式, 由柯西不等式又有
$$(m\sqrt{\sin x} + n\sqrt{\cos x})^2 = \left(\frac{m}{a} \cdot a\sqrt{\sin x} + \frac{n}{b} \cdot b\sqrt{\cos x}\right)^2$$
$$\leq \left(\frac{m^2}{a^2} + \frac{n^2}{b^2}\right)(a^2 \sin x + b^2 \cos x)$$
$$\leq \left(\frac{m^2}{a^2} + \frac{n^2}{b^2}\right)\sqrt{a^4 + b^4}, \quad ③$$

其中 a 和 b 为参数, 等号成立当且仅当
$$\frac{a^2 \sin x}{\frac{m^2}{a^2}} = \frac{b^2 \cos x}{\frac{n^2}{b^2}}, \quad \frac{a^4 \sin x}{m^2} = \frac{b^4 \cos x}{n^2}, \quad \tan x = \frac{b^4 m^2}{a^4 n^2}. \quad ④$$

及
$$\sin x = \frac{a^2}{\sqrt{a^4 + b^4}}, \quad \cos x = \frac{b^2}{\sqrt{a^4 + b^4}}, \quad \tan x = \frac{a^2}{b^2}. \quad ⑤$$

由④和⑤有
$$\frac{b^4 m^2}{a^4 n^2} = \tan x = \frac{a^2}{b^2}, \quad b^6 m^2 = a^6 n^2.$$

取 $a^3 = m$, $b^3 = n$, 于是③式化为
$$m\sqrt{\sin x} + n\sqrt{\cos x} \leq \left(m^{\frac{4}{3}} + n^{\frac{4}{3}}\right)^{\frac{3}{4}}, \quad ⑥$$

其中等号当且仅当 $\tan x = \left(\dfrac{m}{n}\right)^{\frac{2}{3}}$ 时成立。将⑥代入①,得到

$$f(x) = \dfrac{p}{\sqrt{\sin x}} + \dfrac{q}{\sqrt{\cos x}} \geqslant \dfrac{(\sqrt{pm} + \sqrt{qn})^2}{m\sqrt{\sin x} + n\sqrt{\cos x}}$$

$$\geqslant \dfrac{(\sqrt{pm} + \sqrt{qn})^2}{(m^{\frac{4}{3}} + n^{\frac{4}{3}})^{\frac{3}{4}}} \qquad ⑦$$

其中等号当且仅当
$$\dfrac{np}{mq} = \tan x = \left(\dfrac{m}{n}\right)^{\frac{2}{3}} \qquad ⑧$$

时成立。由⑧解得 $m = p^{\frac{3}{5}},\ n = q^{\frac{3}{5}},\ \tan x = \left(\dfrac{p}{q}\right)^{\frac{2}{5}}$。所以当 $m = p^{\frac{3}{5}},\ n = q^{\frac{3}{5}}$ 时,⑦式化为

$$f(x) \geqslant \dfrac{(p^{\frac{4}{5}} + q^{\frac{4}{5}})^2}{(p^{\frac{4}{5}} + q^{\frac{4}{5}})^{3/4}} = (p^{\frac{4}{5}} + q^{\frac{4}{5}})^{\frac{5}{4}}. \qquad ⑨$$

其中等号成立当且仅当 $\tan x = \left(\dfrac{p}{q}\right)^{\frac{2}{5}}$ 时成立。所以 $f(x)$ 的最小值为 $(p^{\frac{4}{5}} + q^{\frac{4}{5}})^{\frac{5}{4}}$。

※ 解2 取 $\alpha = \dfrac{5}{4},\ \beta = 5$,于是 $\dfrac{1}{\alpha} + \dfrac{1}{\beta} = 1$,由赫尔德不等式有

$$p^{\frac{4}{5}} + q^{\frac{4}{5}} = \dfrac{p^{\frac{4}{5}}}{(\sin x)^{\frac{2}{5}}}(\sin x)^{\frac{2}{5}} + \dfrac{q^{\frac{4}{5}}}{(\cos x)^{\frac{2}{5}}}(\cos x)^{\frac{2}{5}}$$

$$\leqslant \left(\dfrac{p}{\sqrt{\sin x}} + \dfrac{q}{\sqrt{\cos x}}\right)^{\frac{4}{5}} (\sin^2 x + \cos^2 x)^{\frac{1}{5}},$$

$$f(x) = \dfrac{p}{\sqrt{\sin x}} + \dfrac{q}{\sqrt{\cos x}} \geqslant (p^{\frac{4}{5}} + q^{\frac{4}{5}})^{\frac{5}{4}}.$$

其中等号成立当且仅当

$$\frac{p}{(\sin x)^{5/2}} = \frac{q}{(\cos x)^{5/2}}, \quad \tan x = \left(\frac{p}{q}\right)^{2/5}.$$

所以 $f(x)$ 的最小值为 $\left(p^{4/5} + q^{4/5}\right)^{5/4}$.

16. 设 x, y, z 是不全为 0 的 3 个实数，求 $\frac{xy+2yz}{x^2+y^2+z^2}$ 的最大值.

(武汉《高中竞赛数学(一卷上)》53页例8)

解 引入两个正参数 α, β，于是有
$$\alpha^2 x^2 + y^2 \geq 2\alpha xy, \quad \beta^2 y^2 + z^2 \geq 2\beta yz. \quad ①$$
$$xy \leq \frac{\alpha}{2}x^2 + \frac{1}{2\alpha}y^2, \quad 2yz \leq \beta y^2 + \frac{1}{\beta}z^2.$$
$$xy + 2yz \leq \frac{\alpha}{2}x^2 + \left(\frac{1}{2\alpha} + \beta\right)y^2 + \frac{1}{\beta}z^2. \quad ②$$

为使上式右端化为 $x^2+y^2+z^2$ 的倍数，可令
$$\frac{\alpha}{2} = \frac{1}{2\alpha} + \beta = \frac{1}{\beta}.$$

解方程组得到 $\alpha = \sqrt{5}, \beta = \frac{2\sqrt{5}}{5}$，于是 ① 式化为
$$xy + 2yz \leq \frac{\sqrt{5}}{2}(x^2+y^2+z^2),$$
$$\frac{xy+2yz}{x^2+y^2+z^2} \leq \frac{\sqrt{5}}{2}. \quad ③$$

为使 ③ 中等号成立，当且仅当 ① 中两式等号成立，即有
$$\frac{\alpha}{2}x^2 = \frac{1}{2\alpha}y^2, \quad \beta y^2 = \frac{1}{\beta}z^2,$$
$$\frac{\sqrt{5}}{2}x^2 = \frac{\sqrt{5}}{10}y^2, \quad \frac{2}{5}\sqrt{5}y^2 = \frac{\sqrt{5}}{2}z^2,$$
$$x^2 = \frac{1}{5}y^2, \quad 4y^2 = 5z^2.$$

于是可得一组解 $(x, y, z) = (1, \sqrt{5}, 2)$，即当 $x=1, y=\sqrt{5}, z=2$ 时，③ 中等号成立. 故知 $\frac{xy+2yz}{x^2+y^2+z^2}$ 的最大值为 $\frac{\sqrt{5}}{2}$.

(2008.7.26)

12. 求最小正整数 k，使对满足 $0 \le a \le 1$ 的所有 a 和所有正整数 n，都成立不等式

$$a^k(1-a)^n \le \frac{1}{(n+1)^3} \quad ① \quad (《柯西不等式》115页例6)$$

解 先设法消去参数 a，然后再求 k 的最小值。由均值不等式有

$$\sqrt[n+k]{a^k\left[\frac{k}{n}(1-a)\right]^n} \le \frac{ka + n\cdot\frac{k}{n}(1-a)}{k+n} = \frac{k}{k+n}, \quad ②$$

化简得到

$$a^k(1-a)^n \le \frac{k^k n^n}{(k+n)^{n+k}} \quad ②'$$

$②'$ 式中等号成立当且仅当 $a = \frac{k}{n}(1-a)$，即 $a = \frac{k}{n+k}$。

下面求最小正整数 k，使对所有 $n \in \mathbb{N}^*$ 都成立不等式

$$\frac{k^k n^n}{(n+k)^{n+k}} \le \frac{1}{(n+1)^3}. \quad ③$$

(1) 当 $k=1$ 时，取 $n=1$，于是③式化为 $\frac{1}{2^2} \le \frac{1}{2^3}$，矛盾。

(2) 当 $k=2$ 时，取 $n=1$，于是③式化为 $\frac{2^2}{3^3} \le \frac{1}{2^3}$，矛盾。

(3) 当 $k=3$ 时，取 $n=6$，于是③式化为 $\frac{3^3 6^6}{9^9} \le \frac{1}{7^3}$。但是

$$\frac{3^3 6^6}{9^9} = \frac{3^9 2^6}{9^9} = \frac{2^6}{3^9} = \frac{64}{3^9} > \frac{7 \times 9}{3^9} = \frac{7}{3^7} = \frac{7}{2187} > \frac{1}{313} > \frac{1}{343} = \frac{1}{7^3}.$$

矛盾。

(4) 当 $k \ge 4$ 时，只须证明 $k=4$ 时有

$$4^4 n^n (n+1)^3 \le (n+4)^{n+4}, \quad n=1, 2, \cdots \quad ④$$

(i) $n=1$，④式化为 $4^4 2^3 \le 5^5$，$2^{11} \le 5^5$，$2048 \le 3125$；

(ii) $n=2$，④式化为 $4^4 2^2 3^3 \le 6^6$，$2^{10} 3^3 \le 2^6 3^6$，$2^4 \le 3^3 = 27$；

(iii) $n=3$，④式化为 $4^4 3^3 4^3 \le 7^7$，$(4^2 \cdot 3)^3 4 \le (7^2)^3 7$；

可见，当 $n=1, 2, 3$ 时，④式成立。

当 $n \geq 4$ 时，由均值不等式有
$$[4^4 n^n (n+1)^3]^{\frac{1}{n+4}}$$
$$= [16(2n)(2n)(2n)(2n) n^{n-4}(n+1)^3]^{\frac{1}{n+4}}$$
$$\leq \frac{16 + 4(2n) + n(n-4) + 3(n+1)}{n+4} = \frac{19 + 7n + n^2}{n+4}$$
$$< \frac{n^2 + 8n + 16}{n+4} = n+4. \qquad ⑤$$

将⑤式两端同时取 $n+4$ 次方，即得④．综合起来知，④式对所有正整数 n 都成立．

综上可知，所求的最小正整数 $k = 4$．

17. 在区域 $D: x \geq 0, y \geq 0, 3 \leq x+y \leq 5$ 上求函数 $u = x^2 - xy + y^2$ 的最大值和最小值． (武汉《高中竞赛教程(一卷上)》53页例7)

解 令 $x = a\sin\theta, y = a\cos\theta, 0 \leq \theta \leq \frac{\pi}{2}$，则 $3 \leq a \leq 5$，于是
$$u = x^2 - xy + y^2 = a^2[\sin^4\theta - \sin^2\theta\cos^2\theta + \cos^4\theta]$$
$$= a^2[(\sin^2\theta + \cos^2\theta)^2 - 3\sin^2\theta\cos^2\theta] = a^2(1 - \frac{3}{4}\sin^2 2\theta)$$

所以 $\frac{9}{4} \leq u \leq 25$ 且当 $x=0, y=5$ 时 $u=25$，当 $x=y=\frac{3}{2}$ 时 $u=\frac{9}{4}$．所以 u 的最大值为 25，最小值为 $\frac{9}{4}$．   (2008.7.26)

注 $u = x^2 + y^2 - xy = (x+y)^2 - 3xy \leq (x+y)^2 \leq 25$；
$u = x^2 + y^2 - xy = (x+y)^2 - 3xy$
$\geq 3^2 - 3 \times \frac{3}{2} \times \frac{3}{2} = \frac{9}{4}$．

18题在本卷开头！

13. 设 $a, b, c \in \mathbb{R}^+$, $abc=1$, 求证 $\dfrac{1}{1+2a}+\dfrac{1}{1+2b}+\dfrac{1}{1+2c} \geq 1$.

证 引入待定参数 λ, 使得

$$\dfrac{1}{1+2a} \geq \dfrac{a^\lambda}{a^\lambda+b^\lambda+c^\lambda}. \qquad ①$$

[待定指数法 / 局部化法]

显然, 若能求得这样的参数 λ, 则所求证的不等式成立.

① 式等价于

$$b^\lambda+c^\lambda \geq 2a^{1+\lambda}. \qquad ①'$$

另一方面, 由均值不等式有

$$b^\lambda+c^\lambda \geq 2\sqrt{(bc)^\lambda} = 2\sqrt{\left(\dfrac{1}{a}\right)^\lambda} = 2a^{-\frac{\lambda}{2}}. \qquad ②$$

比较 ①' 与 ②, 令 $1+\lambda = -\dfrac{\lambda}{2}$, 即得 $\lambda = -\dfrac{2}{3}$. 即当 $\lambda = -\dfrac{2}{3}$ 时 ①' 式成立. 于是有

$$\dfrac{1}{1+2a} \geq \dfrac{a^{-\frac{2}{3}}}{a^{-\frac{2}{3}}+b^{-\frac{2}{3}}+c^{-\frac{2}{3}}}. \qquad ③$$

同理有

$$\dfrac{1}{1+2b} \geq \dfrac{b^{-\frac{2}{3}}}{a^{-\frac{2}{3}}+b^{-\frac{2}{3}}+c^{-\frac{2}{3}}}, \quad \dfrac{1}{1+2c} \geq \dfrac{c^{-\frac{2}{3}}}{a^{-\frac{2}{3}}+b^{-\frac{2}{3}}+c^{-\frac{2}{3}}}. \qquad ④$$

将 ③ 与 ④ 中之式相加即得所求证.

注 显然, 这是通过引入参数从而使原不等式局部化的证法, 接下去的 14 题、15 题与此为同一种类型.

14. 设 $x, y, z \in \mathbb{R}^+$, 求证
$$\frac{x}{\sqrt{y^2+z^2}} + \frac{y}{\sqrt{z^2+x^2}} + \frac{z}{\sqrt{x^2+y^2}} \geq 2. \quad ①$$

证 引入待定参数 λ, 使得
$$\frac{x}{\sqrt{y^2+z^2}} \geq \frac{2x^\lambda}{x^\lambda+y^\lambda+z^\lambda}. \quad ②$$

[待定指数法 / 局部化法]

这又等价于
$$(x^\lambda+y^\lambda+z^\lambda)^2 \geq 4x^{2\lambda-2}(y^2+z^2). \quad ②'$$

而由均值不等式有
$$(x^\lambda+y^\lambda+z^\lambda)^2 \geq 4x^\lambda(y^\lambda+z^\lambda). \quad ③$$

比较 ③ 与 ②' 可见, 只要取 $\lambda=2$, ③ 与 ②' 即为同一不等式, 这时有 ②' 成立, 从而 ② 成立, 即有
$$\frac{x}{\sqrt{y^2+z^2}} \geq \frac{2x^2}{x^2+y^2+z^2}. \quad ④$$

同理有
$$\frac{y}{\sqrt{z^2+x^2}} \geq \frac{2y^2}{x^2+y^2+z^2}, \quad \frac{z}{\sqrt{x^2+y^2}} \geq \frac{2z^2}{x^2+y^2+z^2}. \quad ⑤$$

④ 与 ⑤ 中两式相加即得证原不等式.

注 事实上 ④ 与 ③ 数相同, 但不如上影, 因为不用引入 λ 即直接得出.
$$\frac{x}{\sqrt{y^2+z^2}} = \frac{x^2}{x\sqrt{y^2+z^2}} = \frac{2x^2}{2\sqrt{x^2}\sqrt{y^2+z^2}} \geq \frac{2x^2}{x^2+y^2+z^2}.$$

15. 设 $a, b, c \in \mathbb{R}^+$,求证

$$\frac{a}{\sqrt{a^2+8bc}} + \frac{b}{\sqrt{b^2+8ca}} + \frac{c}{\sqrt{c^2+8ab}} \geq 1 \qquad ①$$

(2001年IMO2题)

证 引入待定参数 λ, 使得

$$\frac{a}{\sqrt{a^2+8bc}} \geq \frac{a^\lambda}{a^\lambda+b^\lambda+c^\lambda} \qquad ②$$

待定指数法
局部化法

这等价于

$$(a^\lambda+b^\lambda+c^\lambda)^2 a^2 \geq a^{2\lambda}(a^2+8bc) \qquad ③$$

由平方差公式和均值不等式,有

$$(a^\lambda+b^\lambda+c^\lambda)^2 - (a^\lambda)^2 = (b^\lambda+c^\lambda)(a^\lambda+b^\lambda+c^\lambda+a^\lambda)$$

$$\geq 2(bc)^{\frac{\lambda}{2}} \cdot 4 a^{\frac{\lambda}{2}}(bc)^{\frac{\lambda}{4}} = 8 a^{\frac{\lambda}{2}}(bc)^{\frac{3\lambda}{4}}. \qquad ④$$

由此得

$$(a^\lambda+b^\lambda+c^\lambda)^2 \geq (a^\lambda)^2 + 8 a^{\frac{\lambda}{2}}(bc)^{\frac{3\lambda}{4}} = a^{\frac{\lambda}{2}}(a^{\frac{3\lambda}{2}} + 8(bc)^{\frac{3\lambda}{4}})$$

$$(a^\lambda+b^\lambda+c^\lambda)^2 a^2 \geq a^{2+\frac{\lambda}{2}}(a^{\frac{3\lambda}{2}}+8(bc)^{\frac{3\lambda}{4}}) \qquad ⑤$$

比较 ⑤ 与 ③ 可知,当 $\lambda = \frac{4}{3}$ 时,二者为同一个不等式,这时有

$$\frac{a}{\sqrt{a^2+8bc}} \geq \frac{a^{\frac{4}{3}}}{a^{\frac{4}{3}}+b^{\frac{4}{3}}+c^{\frac{4}{3}}}.$$

由此轮换再相加即得证.

廿四 不定方程(一)

未知数的个数多于方程的个数，求这样的方程或方程组的整数解的问题称为不定方程。这不但是数学竞赛中的一类重要题目，而且是数论中的一个十分重要的课题。

一、勾股方程 $x^2+y^2=z^2$ ①

方程①的满足条件 $xyz=0$ 的解称为平凡解，使 $xyz \neq 0$ 的解称为非平凡解。显然，全体平凡解是

$(0, \pm a, \pm a), (\pm a, 0, \pm a), a \geq 0,$ ②

其中的正负号可任意选定。

若 (x, y, z) 是①的非平凡解，则对任意 $k \in \mathbb{N}^*$，$(\pm kx, \pm ky, \pm kz)$ 也是①的非平凡解，其中正负号可任选。此外，对于 (x, y, z) 的任一公约数 d，$(\pm \frac{x}{d}, \pm \frac{y}{d}, \pm \frac{z}{d})$ 也是①的非平凡解。可见，为了求出全部非平凡解，只要求方程①满足下列条件的解。

$x>0, y>0, z>0, (x,y,z)=1$ ③

即求既约的正整数解 (x,y,z)。这样的解称为方程①的本原解。对于本原解，我们有

命题 不定方程①的本原解 (x,y,z) 满足条件：

$(x,y)=(y,z)=(z,x)=1, \quad 2 \nmid x+y$ ④

证 若不然，设 x, y 不互质，于是有素数 p，使得 $p|x, p|y$，由①知 $p|z^2$，进而有 $p|z$，则 $(x,y,z) \geq p > 1$，矛盾。从而有 $(x,y)=1$，同理有 $(y,z)=(z,x)=1$。

由于 $(x,y)=1$，所以 x 和 y 不能同为偶数。其实，x 和 y 也不能同为奇数。否则 x^2+y^2 为偶数但 $4 \nmid x^2+y^2$，此与 $4|z^2$ 矛盾。

所以 $x+y$ 为奇数，即④中后一式成立.

定理1 不定方程①的 y 为偶数的全体本原解由以下公式给出：
$$x=r^2-s^2,\quad y=2rs,\quad z=r^2+s^2. \qquad ⑤$$
其中 $r,s\in N^*$ 且满足
$$r>s>0,\quad (r,s)=1,\quad 2\mid r+s. \qquad ⑥$$

证 由⑤有
$$x+z=2r^2,\quad z-x=2s^2.$$
$\therefore (x,z)\mid 2r^2,\ (x,z)\mid 2s^2.\ \therefore (x,z)\mid 2(r^2,s^2).$
$\because (r,s)=1,\ \therefore (r^2,s^2)=1.\ \therefore (x,z)\mid 2.$
又因 $x=r^2-s^2=(r+s)(r-s),\ 2\mid(r+s),\ \therefore 2\nmid r-s.$ 所以 x 为奇数，故有 $(x,z)=1$，当然更有 $(x,y,z)=1$. 这表明由⑤式给出且满足⑥的 (x,y,z) 确为①的本原解.

另一方面，方程①的任何一组 (x,y,z) 本原解，均一定可以表成⑤的形式且满足⑥.

由命题数 $2\nmid x+y$，由此及 $2\mid y$ 便得 $2\nmid x$，$2\nmid z$. 即而由方程①有
$$\left(\frac{y}{2}\right)^2=\frac{z+x}{2}\cdot\frac{z-x}{2}. \qquad ⑦$$
因为
$$\left(x,\frac{z-x}{2}\right)=\left(\frac{z+x}{2},\frac{z-x}{2}\right)=\left(\frac{z+x}{2},z\right).$$
所以由⑦知
$$\left(\frac{z+x}{2},\frac{z-x}{2}\right)\mid(x,z)=1. \qquad ⑧$$

由⑦和⑧之², ⑦式左端两数都是完全平方数, 故可写成
$$\frac{z+x}{2}=r^2, \quad \frac{z-x}{2}=s^2,$$
其中 $r>s$ 且 $r,s\in N^*$, $(r,s)=1$. 由此即得③式成立. 再由 $2\nmid x$ 即得 $2\nmid r+s$. 定理证毕.

1. 求出 $r\leq 7$ 时, 由⑤和⑥给出的所有本原解 (x,y).

解 (1) $r=2, s=1$, $x=3, y=4, z=5$, $(3,4,5)$;
(2) $r=3, s=2$, $x=5, y=12, z=13$, $(5,12,13)$;
(3) $r=4, s=1$, $x=15, y=8, z=17$, $(15,8,17)$;
(4) $r=4, s=3$, $x=7, y=24, z=25$, $(7,24,25)$;
(5) $r=5, s=2$, $x=21, y=20, z=29$, $(21,20,29)$;
(6) $r=5, s=4$, $x=9, y=40, z=41$, $(9,40,41)$;
(7) $r=6, s=1$, $x=35, y=12, z=37$, $(35,12,37)$;
(8) $r=6, s=5$, $x=11, y=60, z=61$, $(11,60,61)$;
(9) $r=7, s=2$, $x=45, y=28, z=53$, $(45,28,53)$;
(10) $r=7, s=4$, $x=33, y=56, z=65$, $(33,56,65)$;
(11) $r=7, s=6$, $x=13, y=84, z=85$, $(13,84,85)$.

2. 设 (x,y,z) 是①的解，求证：

(i) $3|x$ 和 $3|y$ 至少有一个成立；

(ii) $5|x$, $5|y$, $5|z$ 至少有一个成立。

证 显然只须对 (x,y,z) 是①的未原解的情形来证明。不妨设由⑤给出。

若 $3\nmid y$，则由 $y=2rs$ 即知 $3\nmid r$, $3\nmid s$。由此有
$$r=3k\pm 1, \quad s=3h\pm 1.$$

于是
$$x=r^2-s^2=(3k\pm 1)^2-(3h\pm 1)^2$$
$$=9k^2\pm 6k+1-9h^2\mp 6h-1=9(k^2-h^2)\pm 6(k\pm h).$$

所以 $3|x$，即(i)成立。

若 $5\nmid y$，则 $5\nmid r$, $5\nmid s$。由此有
$$r=5k\pm 1, 5k\pm 2, \quad s=5h\pm 1, 5h\pm 2.$$

当 $r=5k\pm 1, s=5h\pm 1$ 或 $r=5k\pm 2, s=5h\pm 2$ 时，有
$$5|x=r^2-s^2;$$

当 $r=5k\pm 1, s=5h\pm 2$ 或 $r=5k\pm 2, s=5h\pm 1$ 时，又有
$$5|z=r^2+s^2.$$

若 $4\nmid y$，则 r 与 s 均为奇数，所以 $r-s$ 与 $r+s$ 均为偶数，从而
$x=r^2-s^2=(r-s)(r+s)$ 为 4 的倍数，即 $4|x$, $4|y$ 至少有一个成立。

将上面结果联合起来，可得 $60|xyz$。

3. 设 $S=\{1,2,\cdots,50\}$，求最小自然数 n，使得 S 的任一个 n 元子集中都有3个数 a, b, c，可以作为一个直角三角形的3边长。

(1993年中国集训队测验题)

解 由定理1之知①的在 S 中的本原解组共7个：
$$x=r^2-s^2,\ y=2rs,\ z=r^2+s^2,$$
其中 $r, s \in N^*$，$r > s$，$(r,s)=1$，$2 \mid r+s$。具体7个如下：
$\{3,4,5\}, \{5,12,13\}, \{7,24,25\}, \{9,40,41\},$
$\{15,8,17\}, \{21,20,29\}, \{35,12,37\}.$ 从好的组合入手

还有非本原的非平凡解组共13个：
$\{6,8,10\}\{9,12,15\}\{12,16,20\}\{15,20,25\}\{18,24,30\}$
$\{21,28,35\}\{24,32,40\}\{27,36,45\}\{30,40,50\}$
$\{10,24,26\}\{15,36,39\}\{14,48,50\}\{30,16,34\}.$

观察出，这20个三元集中，每个都包含 $5,8,9,20,24,30,35,36,50$ 这9个数之一。令

$$M = S - \{5,8,9,20,24,30,35,36,50\}$$

则 $|M|=41$ 且 M 中任何3个数都不足勾股组。所以 $n \geq 42$。

另一方面，下列9个勾股数组
$\{3,4,5\}\{6,8,10\}\{7,24,25\}\{9,40,41\}\{12,35,37\}$
$\{14,48,50\}\{16,30,34\}\{20,21,29\}\{27,36,45\}$

互不相交，所以 S 的任何一个42元子集 T 中，只欠8个元素，从而上述9个三元组至少有1个含于 T 中。

综上可知，所求的最小自然数为42。

4. 求证在平面上存在互不共线的1986个点，使得其中任何两点间的距离都是整数.

证 记 $a = 1984!$ 并令
$$r_j = \frac{a}{j}, \quad s_j = j, \quad j = 1, 2, \cdots, 1984.$$
则 $r_j, s_j \in N^*$, $j = 1, 2, \cdots, 1984$. 再令
$$A_j = (x_j, 0), \quad x_j = r_j^2 - s_j^2, \quad j = 1, 2, \cdots, 1984,$$
$$O = (0, 0), \quad P = (0, 2a).$$

则1986个点 $P, O, A_1, A_2, \cdots, A_{1984}$ 满足题中的要求. 实际上,
$$|PA_j|^2 = (2a)^2 + x_j^2 = 4a^2 + (r_j^2 - s_j^2)^2$$
$$= 4a^2 + r_j^4 - 2r_j^2 s_j^2 + s_j^4 = 4a^2 + r_j^4 - 2a^2 + s_j^4$$
$$= r_j^4 + 2r_j^2 s_j^2 + s_j^4 = (r_j^2 + s_j^2)^2.$$
$$\therefore |PA_j| = r_j^2 + s_j^2 \in N^*, \quad j = 1, 2, \cdots, 1984.$$

所以这1986个点两两之间的距离都是整数.

5. 在坐标平面上，以 $(199, 0)$ 为圆心，以 199 为半径的圆周上，共有多少个整点？ （1996年全国联赛一试二—6题）

解 设 (x, y) 为圆周上的一个整点，于是有
$$(x-199)^2 + y^2 = 199^2. \qquad ①$$

易见，$(0,0), (398, 0), (199, \pm 199)$ 是方程①的4组整数解，即为圆上的4个整点。

【观察法与反证法联合】

当 $y \notin \{0, \pm 199\}$ 时，由于 199 为质数，所以 y 与 199 互质。此时，$\{|199-x|, y, 199\}$ 是一组勾股数，且是不定方程
$$s^2 + t^2 = z^2$$
的一组本原解。故 199 可以表示为两个正整数的平方和，即存在 $m, n \in \mathbb{N}^*$，使得 $199 = m^2 + n^2$ 且 m 与 n 奇偶性不同。由于奇数和偶数的平方模4分别同余于1和0，所以
$$m^2 + n^2 \equiv 1 \pmod{4}.$$

但是 $199 \equiv 3 \pmod 4$，所以 $199 \neq m^2 + n^2$，矛盾。

所以，所论的圆周上共有4个整点。

6. 试证不定方程 $x^4+y^4=z^2$ 没有使得 $xyz\neq 0$ 的整数解.

证 若所论方程有一组使 $xyz\neq 0$ 的解，不妨设为 (x,y,z), $x,y,z\in \mathbb{N}^*$, $(x,y)=1$, $2|y$.

并设 z 是方程的所有正整数解组中，使 z 最小的正整数. 于是由定理1知，存在 $m,n\in \mathbb{N}^*$, $(m,n)=1$, $m>n$, $2\nmid m+n$, 使得

$$x^2=m^2-n^2, \quad y^2=2mn, \quad z=m^2+n^2. \quad ①$$

因 x 为奇数，故 m 为奇数，n 为偶数. 否则 n 为奇数，m 为偶数，则

$$x^2\equiv 1,\ n^2\equiv 1,\ m^2\equiv 0 \pmod 4,$$
$$x^2+n^2\not\equiv m^2 \pmod 4.$$

此与 $x^2+n^2=m^2$ 矛盾. 于是又存在 $p,q\in \mathbb{N}^*$, 使得 $p>q$, $(p,q)=1$, $2\nmid p+q$. 满足

$$x=p^2-q^2,\quad n=2pq,\quad m=p^2+q^2. \quad ②$$

将②中后两式代入①中第2式，得到

$$y^2=4pq(p^2+q^2). \quad ③$$

因为 $(p,q)=1$, 所以 $(p,p^2+q^2)=1=(q,p^2+q^2)$, 即有 $(pq, p^2+q^2)=1$. 因③式左端为完全平方数，故 p,q,p^2+q^2 都应为完全平方数. 从而有 $r,s\in \mathbb{N}^*$, 使得

$$p=r^2,\quad q=s^2,\quad p^2+q^2=z_1^2,\quad (r,s)=1.$$

这表明 (r,s,z_1) 是所论方程的整数解. 但

$$z_1^2=p^2+q^2=m<m^2<m^2+n^2=z<z^2.$$

矛盾. 所以原方程没有使 $xyz\neq 0$ 的整数解.

7. 试证有无穷多于正整数的三数组 (a,b,c)，使得 a^2+b^2，b^2+c^2，c^2+a^2 都是完全平方数。(《武汉市中竞赛数学教程》128页例8)

证 我们利用勾股数组来构造本题中的三数组。任取一组勾股数 (x,y,z)（不妨是本原的）。令
$$a = x|4y^2-z^2|, \quad b = y|4x^2-z^2|, \quad c = 4xyz.$$

于是 【构造奇】

$$a^2+b^2 = x^2(4y^2-z^2)^2 + y^2(4x^2-z^2)^2$$
$$= x^2(3y^2-x^2)^2 + y^2(3x^2-y^2)^2$$
$$= 9y^4x^2 + x^6 - 6y^2x^4 + 9x^4y^2 + y^6 - 6x^2y^4$$
$$= x^6+y^6+3x^4y^2+3x^2y^4 = (x^2+y^2)^3 = (z^3)^2;$$

$$b^2+c^2 = y^2(4x^2-z^2)^2 + 16x^2y^2z^2 = y^2(4x^2+z^2)^2;$$

$$c^2+a^2 = 16x^2y^2z^2 + x^2(4y^2-z^2)^2 = x^2(4y^2+z^2)^2$$

都是完全平方数。由于勾股数组有无穷多组，所以符合本题条件的正整数的三数组有无穷多组。

注1 这个例题的结果表明，存在无穷多个棱长都是正整数的四面体，且每个四面体中都有一个顶点引出的3条棱互相垂直。

注2 注意，证明开头定义的 (a,b,c) 关于 (x,y,z) 是3次齐次的，故关于 (kx,ky,kz) 相应的为 (k^3a,k^3b,k^3c)，前者依然是勾股数组，后者依然满足题中要求。故可以不提及勾股数组的无穷多性，即为造出太小的正整数的无穷多的解即可了。

(a,b,c) 满足 $\Rightarrow (ka,kb,kc)$ 也满足要求，当然无穷多组。

8 设 (x,y,z) 是不定方程
$$x^2+2y^2=z^2 \quad ①$$
的正整数解且 $(x,y)=1$,求证 y 为偶数并且存在 $m,n \in N^*$, 使得 $(m,n)=1$, m 为奇数且满足
$$x=|m^2-2n^2|,\ y=2mn,\ z=m^2+2n^2.$$

(《武汉市中竞赛数学教程》127页)

证 若 y 为奇数,则由 ① 有
$$x^2+2y^2 \equiv \begin{cases} 2, & x\text{偶} \\ 3, & x\text{奇} \end{cases} \pmod 4, \quad z^2 \equiv \begin{cases} 0, & z\text{偶} \\ 1, & z\text{奇} \end{cases}.$$

即 ① 不能成立,所以 y 为偶数,从而 x,z 都是奇数。

因为 $(x,y)=1$,所以 $(x,z)=1$。于是由 〔同余法〕
$$z = \frac{z-x}{2} + \frac{z+x}{2}$$

可知 $\frac{z-x}{2}$ 和 $\frac{z+x}{2}$ 中恰有一个为奇数。由 ① 有
$$2y^2 = z^2 - x^2 = (z-x)(z+x). \quad ②$$

若 $\frac{z+x}{2}$ 为奇数,则有
$$\left(\frac{z+x}{2}, z-x\right) = \left(\frac{z+x}{2}, 2z\right) = \left(\frac{z+x}{2}, z\right) \leq (z+x, z)$$
$$= (x,z) = 1,$$

所以 $\left(\frac{z+x}{2}, z-x\right)=1$。若 $\frac{z-x}{2}$ 为奇数,则又有
$$\left(\frac{z-x}{2}, z+x\right) = \left(\frac{z-x}{2}, 2z\right) = \left(\frac{z-x}{2}, z\right) \leq (z-x, z) = 1.$$

从而由 ② 有
$$y^2 = \begin{cases} \frac{z+x}{2}(z-x), & \text{当} \frac{z+x}{2} \text{为奇}; \\ (z+x)\frac{z-x}{2}, & \text{当} \frac{z-x}{2} \text{为奇}. \end{cases} \quad ③$$

因③式左端为完全平方数，故右端两个互质的因子均为完全平方数。若右端为上式，可设 $z-x=4n^2$, $\frac{z+x}{2}=m^2$, m 为奇数，$(m,n)=1$。由此可得

$$x=m^2-2n^2, \quad y=2mn, \quad z=m^2+2n^2. \qquad ④$$

若③式右端为下式，又可设 $z+x=4n^2$, $\frac{z-x}{2}=m^2$, m 为奇数，$(m,n)=1$。可得

$$x=2n^2-m^2, \quad y=2mn, \quad z=m^2+2n^2. \qquad ⑤$$

由④和⑤之知本题结论成立。

9. 试证对于每个正整数 n, 都存在 n 个互不全等的勾股三角形, 它们的周长相等. (《武汉市中竞赛教学教程》127页例4)

证 由定理1知, 存在无穷多个互不相似的勾股三角形. 注意, 任何两个本质不同的勾股三角形都不相似. 从中任取 n 个, 设其边长为 (a_k, b_k, c_k), $0 < a_k < b_k < c_k$, $k = 1, 2, \cdots, n$.

令
$$S_k = a_k + b_k + c_k, \quad S = S_1 S_2 \cdots S_n.$$

取
$$x_k = \frac{a_k}{S_k} S, \quad y_k = \frac{b_k}{S_k} S, \quad z_k = \frac{c_k}{S_k} S, \quad k = 1, 2, \cdots, n,$$

则 x_k, y_k, z_k 都是正整数且是地满足
$$x_k^2 + y_k^2 = z_k^2, \quad x_k + y_k + z_k = S, \quad k = 1, 2, \cdots, n.$$

所以以 (x_k, y_k, z_k) 为边长的这 n 个勾股三角形的周长都等于 S, 当然都相等.

注 构造过程中用 $\frac{a_k}{S_k}, \frac{b_k}{S_k}, \frac{c_k}{S_k}$ 来代替 a_k, b_k, c_k 这也是使 n 个三角形的周长都是1, 当然相等. 但这样一来之后, 三角形的边长都不是整数了. 但这只是再都乘以 $S = S_1 S_2 \cdots S_n$ 就可以变成整数且周长都相等了.

另一方面, 本题的结果对于任意整数 n 都成立, 但却不能存在无穷多个三角形使同样的结果成立.

10. 设 $n \in \mathbb{N}^*$，问共有多少个本原勾股三角形，能使其面积等于周长的 n 倍？ (《武汉高中竞赛数学教程》127页例5)

解 设本原勾股三角形的3边长为 x, y, z，$2 \nmid x+y$，$2 \mid y$。由定理1知存在 $u, v \in \mathbb{N}^*$，$(u,v)=1$，$2 \nmid u+v$，$u > v > 0$，使得
$$x = u^2 - v^2,\quad y = 2uv,\quad z = u^2 + v^2.$$

用 S 和 L 分别表示面积和周长，于是有
$$S = \tfrac{1}{2}xy = nL = n(x+y+z),\quad uv(u^2-v^2) = n(2u^2+2uv)$$

故有
$$v(u-v) = 2n. \qquad ①$$

设正整数 n 的质因数分解为
$$n = 2^r p_1^{\alpha_1} p_2^{\alpha_2} \cdots p_k^{\alpha_k}. \qquad ②$$

其中 $p_1, p_2, \cdots, p_k$ 为 n 的互不相同的奇质因子。由于 u, v 一奇一偶，故 $u-v$ 为奇数。由①知 v 为偶数。此外，$(u,v)=1$，所以 $(u-v, v)=1$。由①和②有 $2^{r+1} \mid v$。

设 $v = 2^{r+1} A$，$u-v = B$。于是 $(A,B)=1$，所以分解式②中的每个 $p_i^{\alpha_i}$，或者整除 A，或者整除 B，二者恰居其一，$i=1,2,\cdots,k$，所以 A 和 B 的取值情况恰有 2^k 种。从而 v 和 $u-v$ 的不同取值情况恰有 2^k 种。

综上可知，满足题中要求的本原勾股三角形恰有 2^k 个，其中 k 是 n 的不同的奇质因数的个数。

11. 试证两个完全平方数的和与差不能同为完全平方数，即方程组

$$\begin{cases} y^2 + z^2 = t^2, & ① \\ z^2 - y^2 = x^2 & ② \end{cases}$$

无正整数解。　　　　　　　（学《研究教程》168页例4）

由 ① + ②，得到

$$2z^2 = x^2 + t^2, \quad ③$$

因而 x 与 t 奇偶性相同。将 ③ 改写为

$$z^2 = \left(\frac{x+t}{2}\right)^2 + \left(\frac{x-t}{2}\right)^2. \quad ④$$

不妨设 $(x,t)=1$，否则设 $(x,t)=d>1$，由 ③ 之 $d|z$，再由 ① 知 $d|y$，于是可将 ① 和 ② 化为 $(x,t)=1$ 的情形。由此推知

$$\frac{1}{2}(x+t) = m^2 - n^2, \quad \frac{1}{2}(t-x) = 2mn, \quad z = m^2 + n^2, \quad ⑤$$

其中 $(m,n)=1$ 且 m, n 一奇一偶。$(①-②) \times \frac{1}{2}$，得到

$$y^2 = \frac{1}{2}(t^2 - x^2) = 4mn(m^2-n^2) = 4mn(m+n)(m-n). \quad ⑥$$

因 $(m,n)=1$，故 $m, n, m+n, m-n$ 两两互质。由 ⑥ 式左端为完全平方数，故存在 $a, b, c, d \in \mathbb{N}^*$ 使得

$$m = a^2, \quad n = b^2, \quad m+n = c^2, \quad m-n = d^2, \quad ⑦$$

这样一来，得到

$$a^2 + b^2 = c^2, \quad a^2 - b^2 = d^2. \quad ⑧$$

由 ⑦、⑥、② 知 $a \leq m < y < z$。这表明 (d, b, a, c) 也是 ①、② 的解且使 $a < y$，于是由无穷下降法或极端原理即可导出矛盾。所以方程组 ①、② 没有正整数解组。

148

3题评注　从前面证明可知，证明的关键在于①从S中去掉9数时，可以得到一个41元之集，其中没有勾股数组。②从20个勾股数组中可以找出9个互不相交的勾股数组。

首先将20个勾股数组排成一个图，当且仅当两组数有一个公共元素时在两组之间连一条线：

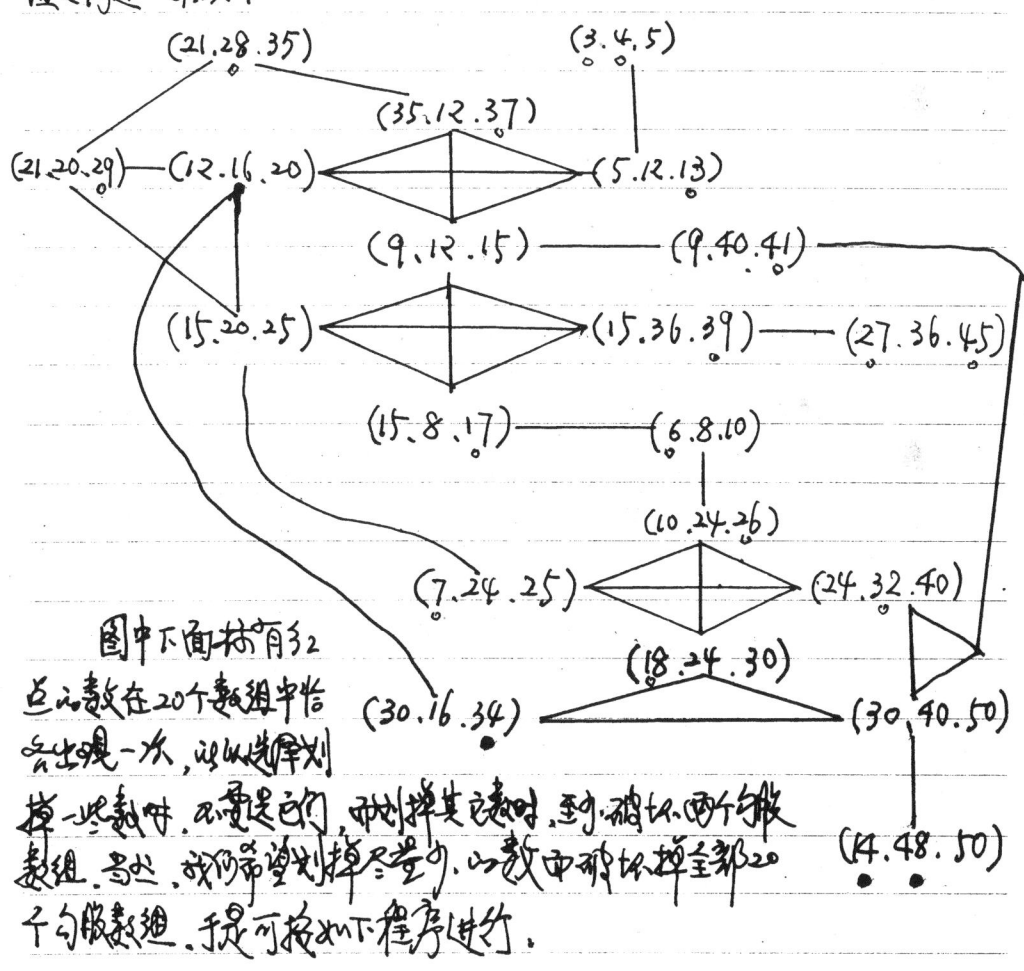

图中下面共有32点的数在20个数组中恰各出现一次，可以选择划掉一些数时，不影响它们，而划掉其它数时，至少破坏一个勾股数组。当然，我们希望划掉尽量少的数使破坏全部20个勾股数组。于是可按如下程序进行．

5：(3,4,5),(5,12,13);
36：(15,36,39),(27,36,45);
50：(30,40,50),(14,48,50);
8：(15,8,17),(6,8,10);
9：(9,12,15),(9,40,41);
16：(12,16,20),(30,16,34);
20：(21,20,29),(15,20,25);
24：(7,24,25),(10,24,26),(18,24,30),(24,32,40);
35：(21,28,35),(35,12,37).

由此可见，去掉 5，8，9，16，20，24，35，36，50 这 9 个元素后，剩下的 41 元子集中没有勾股数组。故所求的最小自然数 $n \geq 42$。

另一方面，上面分成的 10 组中，每组中的所有勾股数组都有一个公共元素，故我们可以单独选取 9 个互不相交的勾股数组，这恰是每组各选一个：

(3,4,5),(6,8,10),(7,24,25),(9,40,41),(12,35,37),
(14,48,50),(15,36,39)(30,16,34)(21,20,29).

显然，其中的第 7 个勾股数组 (15,36,39) 也可换为 (27,36,45)。

对于 S 的任何一个 42 元子集 T，与 S 相比，只少 8 个元素，所以上列 9 个数组中至少有一个全含于 T 中。所以所求的最小自然数 $n = 42$。

12. 设 $S=\{1,2,\cdots,60\}$, 并将 S 中的 60 个数都染成红、黄、蓝 3 色之一, 使得 3 色数各有 20 个. 问是否总存在 S 中的一组勾股数, 使其中 3 个数同色或者互不同色？(2011年《中等数学》10 月题改编)

解　由前面 1 和 3 两题的结果知, S 中有 8 个本原勾股数组和 18 个非本原勾股数组如下：

$\{3,4,5\}$ $\{6,8,10\}$ $\{9,12,15\}$ $\{12,16,20\}$ $\{15,20,25\}$ $\{18,24,30\}$
　　　$\{21,28,35\}$ $\{24,32,40\}$ $\{27,36,45\}$ $\{30,40,50\}$ $\{33,44,55\}$ $\{36,48,60\}$
$\{5,12,13\}$ $\{10,24,26\}$ $\{15,36,39\}$ $\{20,48,52\}$
$\{7,24,25\}$ $\{14,48,50\}$
$\{8,15,17\}$ $\{16,30,34\}$ $\{24,45,51\}$
$\{9,40,41\}$
$\{12,35,37\}$
$\{20,21,29\}$ $\{40,42,58\}$
$\{28,45,53\}$　　　　　　　　　　　　共 26 组

将上述 26 组适当排列, 并在有公共之素的两组之间作一条连线, 于是得到一个图, 其中用红线框出的部分表示完全子图. 以免连线过多, 导致图中混乱. 为清晰起见, 我们用 ○、□、△ 来分别表示红、黄、蓝色, 并先从出现次数多的数开始涂色. 由于勾股数组不算太多, 所以我们将构造一个反例, 即涂色使每个勾股数组都涂有两种不同颜色 (见右页图表).

综上可知, 本题的答案是否定的.

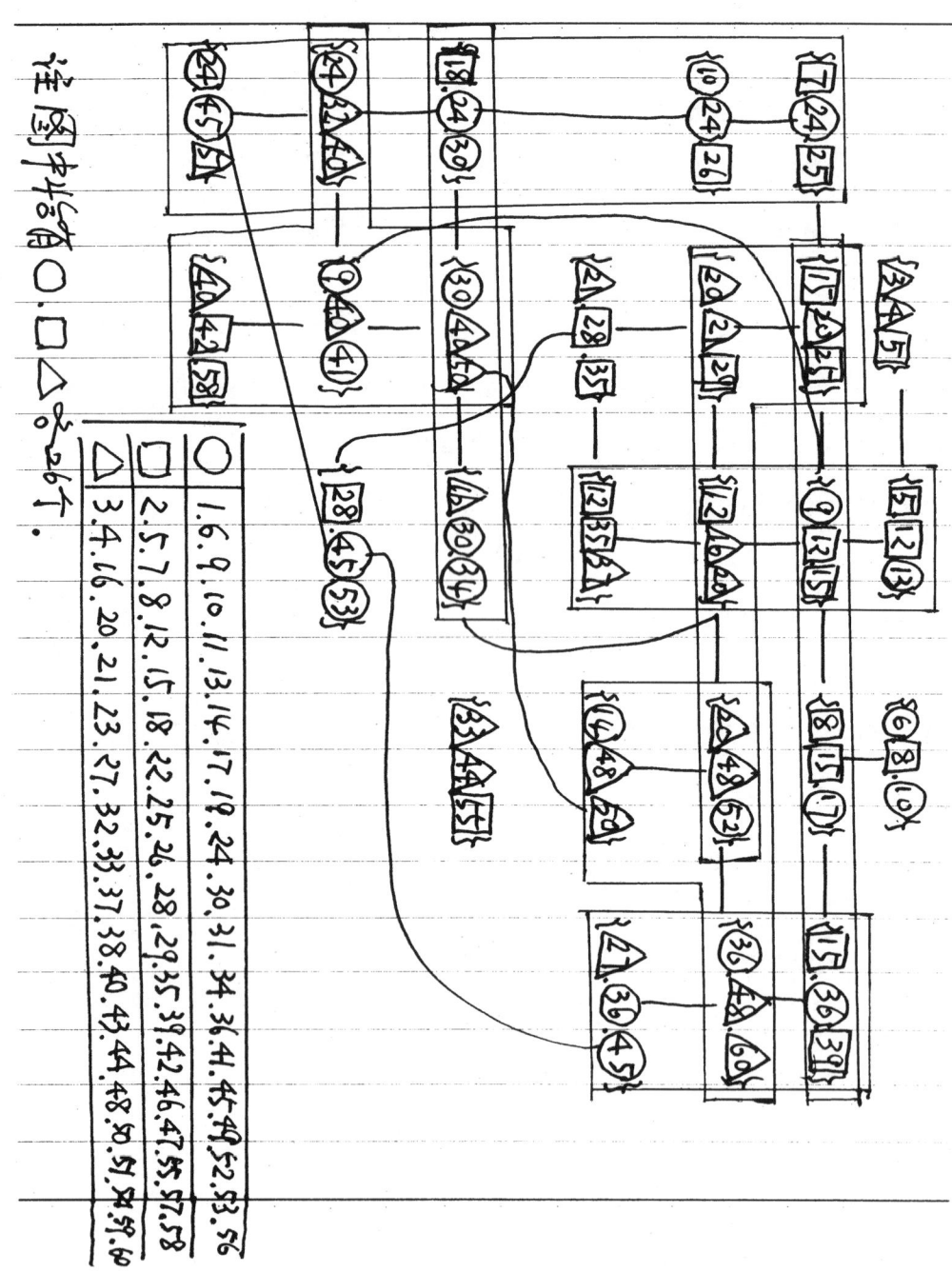

廿五 对称多项式

对称多项式是一类特殊的多元多项式，它有着简单而独特的运算性质，即可展开为初等对称多项式的乘积之和。利用这一性质，可以巧妙地解决某些表达式竞赛题。

定义1 设 $f(x_1, x_2, \cdots, x_n)$ 是 $(x_1, x_2, \cdots, x_n)$ 的一个多项式，如果对于 $(x_1, x_2, \cdots, x_n)$ 的任一排列 $(x_{i_1}, x_{i_2}, \cdots, x_{i_n})$ 都有
$$f(x_{i_1}, x_{i_2}, \cdots, x_{i_n}) = f(x_1, x_2, \cdots, x_n),$$
则称 $f(x_1, x_2, \cdots, x_n)$ 为 n 元对称多项式。

对于 n 元对称多项式，我们引入下列记号：
$$\sigma_1 = x_1 + x_2 + \cdots + x_n;$$
$$\sigma_2 = x_1 x_2 + x_1 x_3 + \cdots + x_{n-1} x_n = \sum_{1 \le i_1 < i_2 \le n} x_{i_1} x_{i_2};$$
$$\vdots$$
$$\sigma_k = \sum_{1 \le i_1 < i_2 < \cdots < i_k \le n} x_{i_1} x_{i_2} \cdots x_{i_k};$$
$$\vdots$$
$$\sigma_n = x_1 x_2 \cdots x_n.$$
$$S_j = \sum_{k=1}^{n} x_k^j, \quad j = 1, 2, \cdots.$$

定义2 $\sigma_1, \sigma_2, \cdots, \sigma_n$ 称为 $x_1, x_2, \cdots, x_n$ 的 n 个初等对称多项式。

定理 任意对称多项式 $f(x_1, x_2, \cdots, x_n)$ 都可以唯一地表示为 $\sigma_1, \sigma_2, \cdots, \sigma_n$ 的多项式表达式。

我们略去这个定理的证明而着重介绍将一个对称多项式化为初等对称多项式 $\sigma_1, \sigma_2, \cdots, \sigma_n$ 的多项式表达式的方法。

定义3 设有多元单项式

$$x_1^{h_1} x_2^{h_2} \cdots x_n^{h_n},$$

其中 $h_i \in \mathbb{N}$,$i=1,2,\cdots,n$,则称 $(h_1,h_2,\cdots,h_n)$ 为它的序标,并用字典排列法确定序标的大小。若有两个序标

$$\alpha = (\alpha_1,\alpha_2,\cdots,\alpha_n),\quad \beta = (\beta_1,\beta_2,\cdots,\beta_n),$$

且有 j,$1 \leq j \leq n$,使得

$$\alpha_1 = \beta_1, \alpha_2 = \beta_2, \cdots, \alpha_{j-1} = \beta_{j-1}, \alpha_j < \beta_j,$$

则称 α 小于 β,并记为 $\alpha < \beta$ 或 $\beta > \alpha$。

对于奇 k 次对称多项式 f,我们将它的各次按序标从大到小排列,然后写出它首项的序标及所有较小的序标

$$(h_1, h_2, \cdots, h_n)$$

满足条件

$$h_1 + h_2 + \cdots + h_n = k,\quad h_1 \geq h_2 \geq \cdots \geq h_n.$$

接着写出对应的单项式

$$\sigma_1^{h_1-h_2} \sigma_2^{h_2-h_3} \cdots \sigma_{n-1}^{h_{n-1}-h_n} \sigma_n^{h_n},$$

最后将这些单项式乘以待定系数表示 f,并通过选取 $x_1, x_2, \cdots, x_n$ 的适当数值以确定表达式中的待定系数。

例1 试用 $\sigma_1, \sigma_2, \sigma_3$ 表示对称多项式 $(x_1-x_2)^2(x_1-x_3)^2(x_2-x_3)^2$。

解 这是一个奇 6 次对称多项式,首项序标及所有较小的序标为

(4,2,0)　$\sigma_1^2 \sigma_2^2$,　　(3,2,1)　$\sigma_1 \sigma_2 \sigma_3$,

(4,1,1)　$\sigma_1^3 \sigma_3$,　　(2,2,2)　σ_3^2,

(3,3,0)　σ_2^3。

于是由待定系数法可设

$$(x_1-x_2)^2(x_1-x_3)^2(x_2-x_3)^2 = a\sigma_1^2\sigma_2^2 + b\sigma_1^3\sigma_3 + c\sigma_2^3$$
$$+ d\sigma_1\sigma_2\sigma_3 + e\sigma_3^2. \quad ①$$

因为原式之首次系数为1，故可取 $a=1$。取 $x_1=x_2=1, x_3=0$，于是原式之值为0，且 $\sigma_1=2, \sigma_2=1, \sigma_3=0$。①式化为
$$0 = 4 + c, \quad c = -4.$$

再取 $x_1=2, x_2=x_3=-1$，于是原式之值为0，且 $\sigma_1=0, \sigma_2=-3, \sigma_3=2$。①式又化为
$$0 = 4 \times 3^3 + 4e.$$

解得 $e=-27$。

取 $x_1=x_2=2, x_3=-1$，于是原式之值为0，且 $\sigma_1=3, \sigma_2=0, \sigma_3=-4$。①式又化为
$$0 = -4 \times 3^3 b - 27 \times 4^2.$$

解得 $b=-4$。取 $x_1=x_2=x_3=1$，则原式之值为0且 $\sigma_1=3, \sigma_2=3, \sigma_3=1$。于是由①得到
$$0 = 3^4 - 4 \times 3^3 - 4 \times 3^3 + 3^2 d - 27.$$

解得 $d=18$。因而得到
$$(x_1-x_2)^2(x_1-x_3)^2(x_2-x_3)^2 = \sigma_1^2\sigma_2^2 - 4\sigma_1^3\sigma_3 - 4\sigma_2^3 + 18\sigma_1\sigma_2\sigma_3 - 27\sigma_3^2.$$

这是齐次多项式的情形，对于非齐次的对称多项式，将它的各齐次部分分别处理再相加即可。

2. 解方程组

$$\begin{cases} (x^3+y^3)(x^2+y^2)=2b^5, & \text{①} \\ x+y=b. & \text{②} \end{cases}$$

(1940年莫斯科数学奥林匹克)

解 因为

$$x^3+y^3=\sigma_1^3-3\sigma_1\sigma_2, \quad x^2+y^2=\sigma_1^2-2\sigma_2,$$

所以由①得到

$$\sigma_1^5-3\sigma_1^3\sigma_2-2\sigma_1^3\sigma_2+6\sigma_1\sigma_2^2=2b^5.$$

将②代入上式,得到

$$6\sigma_2^2-5b^2\sigma_2-b^4=0. \quad \text{③}$$

解得

$$\sigma_2=b^2, \quad \sigma_2'=-\frac{1}{6}b^2. \quad \text{④}$$

由②和④知 x, y 是满足一元二次方程

$$t^2-bt+b^2=0 \quad \text{或} \quad t^2-bt-\frac{1}{6}b^2=0. \quad \text{⑤}$$

显然,⑤中前一个方程无解,而⑤中后一个方程有解 $t=\frac{1}{6}(3\pm\sqrt{15})b$.

从而原方程组有两组解:

$$\begin{cases} x_1=\frac{1}{6}(3+\sqrt{15})b, \\ y_1=\frac{1}{6}(3-\sqrt{15})b, \end{cases} \quad \begin{cases} x_2=\frac{1}{6}(3-\sqrt{15})b, \\ y_2=\frac{1}{6}(3+\sqrt{15})b. \end{cases}$$

3. 试求下列方程组的所有实根与虚根：

$$\begin{cases} x+y+z=3, & \text{①} \\ x^2+y^2+z^2=3, & \text{②} \\ x^5+y^5+z^5=3. & \text{③} \end{cases}$$

(1973年美国竞赛题)

解 由①和②得 $\sigma_1=3$, $\sigma_2=3$. 利用对称多项式展开定理有

(5,0,0) σ_1^5,   (3,1,1) $\sigma_1^2\sigma_3$,

(4,1,0) $\sigma_1^3\sigma_2$,   (2,2,1) $\sigma_2\sigma_3$.

(3,2,0) $\sigma_1\sigma_2^2$,

于是可设

$$x^5+y^5+z^5=\sigma_1^5+\alpha\sigma_1^3\sigma_2+\beta\sigma_1\sigma_2^2+\gamma\sigma_1^2\sigma_3+\delta\sigma_2\sigma_3. \quad ④$$

分别取 $x=y=1, z=0$ 与 $x=1, y=2, z=0$, 于是都有 $\sigma_3=0$. 由④于得

$32+8\alpha+2\beta=2$, $243+54\alpha+12\beta=33$,

$4\alpha+\beta=-15$, $9\alpha+2\beta=-35$.

解得 $\alpha=-5$, $\beta=5$.

取 $x=y=-2, z=1$, 于是 $\sigma_1=-3$, $\sigma_2=0$, $\sigma_3=4$. 由④又有

$-32-32+1=-243+36\gamma$, $36\gamma=180$.

解得 $\gamma=5$. 再取 $x=y=1, z=-2$, 于是 $\sigma_1=0$, $\sigma_2=-3$, $\sigma_3=-2$. 由④又有

$1+1-32=6\delta$.

解得 $\delta = -5$. 于是④式化为

$$x^5+y^5+z^5 = \sigma_1^5 - 5\sigma_1^3\sigma_2 + 5\sigma_1\sigma_2^2 + 5\sigma_1^2\sigma_3 - 5\sigma_2\sigma_3. \quad ⑤$$

将 $\sigma_1 = 3, \sigma_2 = 3$ 代入⑤,得到

$$3 = 243 - 405 + 135 + 45\sigma_3 - 15\sigma_3,$$
$$30 = 30\sigma_3, \quad \sigma_3 = 1.$$

由根与系数的关系知 x, y, z 应是一元三次方程

$$t^3 - 3t^2 + 3t - 1 = 0 \quad (t-1)^3 = 0.$$

的3个根. 故得原方程组的唯一一组解为

$$x = y = z = 1.$$

由例2与例3可知,在应用对称多项式的性质解方程时,可与根与系数的关系灵活地相结合,即且得到的解组也是对称的.

4. 已知5个正整数 a, b, c, d, e 之和及平方和都能被奇数 p 整除，求证
$$a^5+b^5+c^5+d^5+e^5-5abcde$$
也能被 p 整除。   (1984年冬彼得堡数学奥林匹克)

证 为利用对称多项式的展开定理，先写出序排如下：

$(5,0,0,0,0)$ σ_1^5, $(2,2,1,0,0)$ $\sigma_2\sigma_3$,
$(4,1,0,0,0)$ $\sigma_1^3\sigma_2$, $(2,1,1,1,0)$ $\sigma_1\sigma_4$,
$(3,2,0,0,0)$ $\sigma_1\sigma_2^2$, $(1,1,1,1,1)$ σ_5.
$(3,1,1,0,0)$ $\sigma_1^2\sigma_3$,

我可设
$$a^5+b^5+c^5+d^5+e^5 = \sigma_1^5 + \alpha_1\sigma_1^3\sigma_2 + \alpha_2\sigma_1\sigma_2^2 + \alpha_3\sigma_1^2\sigma_3$$
$$+ \alpha_4\sigma_2\sigma_3 + \alpha_5\sigma_1\sigma_4 + \alpha_6\sigma_5, \quad ①$$

其中系数 $\alpha_1, \alpha_2, \alpha_3, \alpha_4, \alpha_5, \alpha_6$ 待定。取 $a=b=1, c=-2, d=e=0$，于是 $\sigma_1=0, \sigma_2=-3, \sigma_3=-2, \sigma_4=\sigma_5=0$，由①有
$$1+1+(-32) = 6\alpha_4, \quad \alpha_4=-5. \quad ②$$

取 $a=b=c=d=1, e=-4$，于是 $\sigma_1=0, \sigma_2=-10, \sigma_3=-20$，$\sigma_5=-4$，由①有
$$1+1+1+1-1024 = -1000-4\alpha_6, \quad \alpha_6=5. \quad ③$$

分别取 $a=b=1, c=d=e=0$ 和 $a=-1, b=2, c=d=e=0$，于是分别有 $\sigma_1=2, \sigma_2=1, \sigma_3=\sigma_4=\sigma_5=0$ 和 $\sigma_1=1, \sigma_2=-2, \sigma_3=\sigma_4=\sigma_5=0$。由①分别有
$$2 = 32+8\alpha_1+2\alpha_2, \quad 4\alpha_1+\alpha_2=-15.$$

$$31 = 1 - 2\alpha_1 + 4\alpha_2, \qquad -\alpha_1 + 2\alpha_2 = 15.$$

联之有

$$\begin{cases} 4\alpha_1 + \alpha_2 = -15, \\ -\alpha_1 + 2\alpha_2 = 15. \end{cases} \qquad \begin{cases} \alpha_1 = -5, \\ \alpha_2 = 5. \end{cases} \qquad ④$$

取 $a = b = 1, c = -1, d = e = 0$, 于是 $\sigma_1 = 1, \sigma_2 = -1, \sigma_3 = -1$, $\sigma_4 = \sigma_5 = 0$. 由①有

$$1 = 1 + 5 + \alpha_3 + 5, \qquad \alpha_3 = -15. \qquad ⑤$$

取 $a = b = c = 1, d = -1, e = 0$, 于是 $\sigma_1 = 2, \sigma_2 = 0, \sigma_3 = -2$, $\sigma_4 = -1, \sigma_5 = 0$. 由①有

$$2 = 32 + 120 - 2\alpha_5, \qquad \alpha_5 = 75. \qquad ⑥$$

将②—⑥代入①, 得到

$$a^5 + b^5 + c^5 + d^5 + e^5 = \sigma_1^5 - 5\sigma_1^3 \sigma_2 + 5\sigma_1 \sigma_2^2 - 15 \sigma_1^2 \sigma_3 - 5\sigma_2 \sigma_3$$
$$+ 75 \sigma_1 \sigma_4 + 5\sigma_5.$$

$$a^5 + b^5 + c^5 + d^5 + e^5 - 5abcde$$
$$= \sigma_1^5 - 5\sigma_1^3 \sigma_2 + 5\sigma_1 \sigma_2^2 - 15 \sigma_1^2 \sigma_3 - 5\sigma_2 \sigma_3 + 75 \sigma_1 \sigma_4. \qquad ⑦$$

因为

$$a^2 + b^2 + c^2 + d^2 + e^2 = \sigma_1^2 - 2\sigma_2 \qquad ⑧$$

而已知 σ_1 及⑧式左端都能被奇数 p 整除. 所以 $p | \sigma_2$. 又由⑦式左端每项都或有因子 σ_1, 或有 σ_2. 所以都能被 p 整除. 从而左端亦能被 p 整除.

5. 已知实数 x, y, z, w 满足
$$x+y+z+w = x^7+y^7+z^7+w^7 = 0 \quad ①$$
求 $w(w+x)(w+y)(w+z)$ 之值. (1985年IMO预选题)

解 使用对称多项式的记号，我们有
$$w(w+x)(w+y)(w+z) = w(w^3+w^2z+w^2y+wyz+w^2x+wxz+wxy+xyz) = w^3\sigma_1 + w\sigma_3.$$

因为 $\sigma_1 = 0$, 所以有
$$w(w+x)(w+y)(w+z) = w\sigma_3. \quad ②$$

写出序拉及相应的齐次式，有

$(7,0,0,0)$ σ_1^7, $\quad (4,1,1,1)$ $\sigma_1^3\sigma_4$,
$(6,1,0,0)$ $\sigma_1^5\sigma_2$, $\quad (3,3,1,0)$ $\sigma_2^2\sigma_3$,
$(5,2,0,0)$ $\sigma_1^3\sigma_2^2$, $\quad (3,2,2,0)$ $\sigma_1\sigma_3^2$,
$(5,1,1,0)$ $\sigma_1^4\sigma_3$, $\quad (3,2,1,1)$ $\sigma_1\sigma_2\sigma_4$,
$(4,3,0,0)$ $\sigma_1\sigma_2^3$, $\quad (2,2,2,1)$ $\sigma_3\sigma_4$.
$(4,2,1,0)$ $\sigma_1^2\sigma_2\sigma_3$,

按照 $\sigma_1 = 0$, 故可设
$$x^7+y^7+z^7+w^7 = a\sigma_2^2\sigma_3 + b\sigma_3\sigma_4, \quad ③$$
其中 a 和 b 是待定系数.

取 $x=y=1, z=-2, w=0$, 于是 $\sigma_1=0, \sigma_2=-3, \sigma_3=-2$, $\sigma_4=0$, 由③有
$$1+1-128 = -18a, \quad a=7. \quad ④$$

再取 $x=y=z=1, w=-3$, 于是 $\sigma_1=0, \sigma_2=-6, \sigma_3=-8$.

$\sigma_4 = -3$. 由③有
$$1+1+1-2187 = -2016 + 24b, \quad b = -7. \quad ⑤$$

将④和⑤代入③，得到
$$0 = x^7 + y^7 + z^7 + w^7 = 7\sigma_3(\sigma_2^2 - \sigma_4). \quad ⑥$$

若 $\sigma_3 = 0$，则由②得 $w(w+x)(w+y)(w+z) = 0$.

若 $\sigma_3 \neq 0$，则 $\sigma_2^2 - \sigma_4 = 0$，即 $\sigma_2^2 = \sigma_4$. 于是有
$$0 \le x^4 + y^4 + z^4 + w^4 = 2\sigma_2^2 - 4\sigma_4 = -2\sigma_2^2 \le 0.$$

故必有 $x = y = z = w = 0$. 此也有 $w(w+x)(w+y)(w+z) = 0$. 从而

总有 $w(w+x)(w+y)(w+z) = 0$.

6. 已知
$$x+y=u+v, \quad x^2+y^2=u^2+v^2. \qquad ①$$
求证对任意 $n\in N$, 均有 $x^n+y^n=u^n+v^n$.

证 因为
$$x^2+y^2=(x+y)^2-2xy,$$
$$u^2+v^2=(u+v)^2-2uv.$$

故由①得 $xy=uv$. ②

由①之前一式和②知, x,y 与 u,v 均为二次方程
$$t^2-bt+c=0$$

的两个根, 其中 $b=x+y=u+v$, $c=xy=uv$. 所以有
$$\{x,y\}=\{u,v\}.$$

从而均有
$$x^n+y^n=u^n+v^n, \quad n\in N.$$

注 易见, 这个题目可以推广到一般的情形: 设已知对 $k=1,\cdots,n$ 有
$$x_1^k+x_2^k+\cdots+x_n^k=y_1^k+y_2^k+\cdots+y_n^k,$$
则对任意 $m\in N$, 都有
$$x_1^m+x_2^m+\cdots+x_n^m=y_1^m+y_2^m+\cdots+y_n^m.$$

7. 设实数 x, y, z 满足 $x+y+z = xyz$, 求证

$$\frac{2x}{1-x^2} + \frac{2y}{1-y^2} + \frac{2z}{1-z^2} = \frac{2x}{1-x^2} \cdot \frac{2y}{1-y^2} \cdot \frac{2z}{1-z^2}. \quad ①$$

证 将①式左端通分后,两端分母相同,于是有

$$4\sigma_3 = x(1-y^2)(1-z^2) + y(1-z^2)(1-x^2) + z(1-x^2)(1-y^2)$$
$$= (x+y+z) - (x^2y + x^2z + y^2x + y^2z + z^2x + z^2y)$$
$$\quad + (xy^2z^2 + yz^2x^2 + zx^2y^2)$$
$$= \sigma_1 - (xy+yz+zx)(x+y+z) + 3xyz + xyz(yz+zx+xy)$$
$$= \sigma_1 - \sigma_1\sigma_2 + 3\sigma_3 + \sigma_3\sigma_2$$

已知 $\sigma_1 = \sigma_3$, 所以上式化为

$$4\sigma_1 = \sigma_1 - \sigma_1\sigma_2 + 3\sigma_1 + \sigma_1\sigma_2. \quad ②$$

显然, ②式成立, 所以①式成立.

8. 求方程组

$$\begin{cases} x+y+z+w=10, & \text{①} \\ x^2+y^2+z^2+w^2=30, & \text{②} \\ x^3+y^3+z^3+w^3=100, & \text{③} \\ xyzw=24, & \text{④} \end{cases}$$

的全部品解。

解 由②有

$$30 = x^2+y^2+z^2+w^2 = \sigma_1^2 - 2\sigma_2, \qquad \sigma_2 = 35. \quad \text{⑤}$$

然后将③式左端写成初等对称多项式的多次表达式

$$(3,0,0,0) \qquad \sigma_1^3,$$
$$(2,1,0,0) \qquad \sigma_1\sigma_2,$$
$$(1,1,1,0) \qquad \sigma_3.$$

于是可设

$$x^3+y^3+z^3+w^3 = \sigma_1^3 + \alpha\sigma_1\sigma_2 + \beta\sigma_3. \quad \text{⑥}$$

取 $x=y=1, z=w=0$. 这时 $\sigma_1=2, \sigma_2=1, \sigma_3=0$. 由⑥有

$$2 = 8 + 2\alpha, \qquad \alpha = -3. \quad \text{⑦}$$

再取 $x=y=2, z=-1, w=0$, 于是 $\sigma_1=3, \sigma_2=0, \sigma_3=-4$, 由⑥又得

$$15 = 27 - 4\beta, \qquad \beta = 3. \quad \text{⑧}$$

将⑦和⑧代入⑥, 得到

$$x^3+y^3+z^3+w^3 = \sigma_1^3 - 3\sigma_1\sigma_2 + 3\sigma_3. \quad \text{⑨}$$

将①, ③和 $\sigma_2=35$ 代入⑨, 得到

$$100 = 1000 - 1050 + 3\sigma_3, \qquad \sigma_3 = 50. \quad \text{⑩}$$

于是有 $\sigma_1=10$, $\sigma_2=35$, $\sigma_3=50$, $\sigma_4=24$, 从而 x,y,z,w 为四次方程
$$t^4-10t^3+35t^2-50t+24=0$$
$$(t-1)(t-2)(t-3)(t-4)=0$$
的4个根. 故原方程组共有 $4!=24$ 组解, 每组解为 $1,2,3,4$ 的一个互不相同的排列.

9. 设 x, y, z, A, B, C 都是实数且 $A+B+C$ 是 π 的整数倍. 而
$$F_r = x^r \sin(Ar) + y^r \sin(Br) + z^r \sin(Cr).$$
设 $F_1 = F_2 = 0$. 求证对所有 $r \in \mathbb{N}^*$, 都有 $F_r = 0$.

(1980年美国数学奥林匹克)

证 令 $a = xe^{iA}, b = ye^{iB}, c = ze^{iC}$, 于是
$$a^r + b^r + c^r = x^r e^{iAr} + y^r e^{iBr} + z^r e^{iCr}$$
$$= x^r \cos(Ar) + y^r \cos(Br) + z^r \cos(Cr) + iF_r.$$

由知 $F_1 = F_2 = 0$, 故 $a+b+c$ 和 $a^2+b^2+c^2$ 均为实数. 从而
$$\sigma_2 = ab + bc + ca = \frac{1}{2}[(a+b+c)^2 - (a^2+b^2+c^2)]$$
为实数. 又因 $A+B+C$ 为 π 的整数倍, 故
$$\sigma_3 = abc = xyz e^{i(A+B+C)} = xyz \cos(A+B+C)$$
亦为实数.

由展开定理知, 当 $r \geq 3$ 时, $a^r + b^r + c^r$ 可以展开为 $\sigma_1, \sigma_2, \sigma_3$ 的实系数的对称表达式而且 $\sigma_1, \sigma_2, \sigma_3$ 都是实数. 所以 $a^r + b^r + c^r$ 均为实数, 亦即它们的虚部为 0, 即有 $F_r = 0$.

1° 设 $S_r = a^r + b^r + c^r$，其中 a, b, c 为不全为 0 的实数. 若 $S_1 = 0$ 且当 $(m,n) = (2,3), (3,2), (2,5), (5,2)$ 时有

$$\frac{S_{m+n}}{m+n} = \frac{S_m}{m} = \frac{S_n}{n}. \qquad ①$$

试写出使①式成立的其他所有整数对 (m,n).

(1982年美国数学奥林匹克之题)

解 已知 $S_1 = 0$，即 $\sigma_1 = 0$. 于是有

$S_2 = \sigma_1^2 - 2\sigma_2 = -2\sigma_2$,

$S_3 = \sigma_1^3 - 3\sigma_1\sigma_2 + 3\sigma_3 = 3\sigma_3$,

$S_5 = \sigma_1^5 - 5\sigma_1^3\sigma_2 + 5\sigma_1\sigma_2^2 + 5\sigma_1^2\sigma_3 - 5\sigma_2\sigma_3 = -5\sigma_2\sigma_3$.

由①有

$$-\sigma_2\sigma_3 = \sigma_3 = -\sigma_2.$$

由此解得 $\sigma_2 = 0$ 或 $\sigma_2 = -1$. 于是 a, b, c 为三次方程

$0 = (t-a)(t-b)(t-c) = t^3 - \sigma_1 t^2 + \sigma_2 t - \sigma_3$
$= t^3 - t - 1$,

$$t^3 = t + 1. \qquad ②$$

由此得到递推公式

$a^3 = a+1$, $b^3 = b+1$, $c^3 = c+1$.

$S_{n+3} = S_{n+1} + S_n$, $n = 0, 1, 2, \cdots \qquad ③$

由已知有 $S_0 = 3$, $S_1 = 0$. 所以由③可得 $S_3 = 3$. 由此及①式又得 $S_2 = 2$. 从而由③依次递推可得

$S_4 = S_2 + S_1 = S_2 = 2$, $S_5 = S_3 + S_2 = 5$,

$S_6 = S_4 + S_3 = 5$, $S_7 = S_5 + S_4 = 7$,

$$S_8 = S_6 + S_5 = 10, \quad S_9 = S_7 + S_6 = 12,$$
$$S_{10} = S_8 + S_7 = 17.$$

由此及③式即可推证得

(i) $S_j > j$, $j = 8, 9, 10, \cdots$;

(ii) $S_j < S_{j+1}$, $j = 8, 9, 10, \cdots$.

若还有其它整数对 (m, n) 使①成立，则 $\min\{m, n\} \geq 8$，且还有

$$\frac{S_{m+n}}{m+n} = \frac{S_m}{m} = \frac{S_n}{n} = \frac{S_m + S_n}{m+n},$$

$$S_{m+n} = S_m + S_n.$$

另一方面，由②式又有

$$S_{m+n} = S_{m+n-2} + S_{m+n-3} > S_m + S_n.$$

矛盾，故公外其他整数对 (m, n) 均不满足①式。

11. 设 a,b,c 是方程 $5x^3-6x^2+7x-8=0$ 的3个根，计算
$$I=(a^2+ab+b^2)(b^2+bc+c^2)(c^2+ca+a^2) \quad ①$$
之值。 《武汉教程》一卷下册183页例2

解 首先将①式写成 $\sigma_1,\sigma_2,\sigma_3$ 的多次表达式。

$(4,2,0) \quad \sigma_1^2\sigma_2^2, \qquad (3,2,1) \quad \sigma_1\sigma_2\sigma_3,$
$(4,1,1) \quad \sigma_1^3\sigma_3, \qquad (2,2,2) \quad \sigma_3^2,$
$(3,3,0) \quad \sigma_2^3,$

于是可设
$$I=\sigma_1^2\sigma_2^2+A\sigma_1^3\sigma_3+B\sigma_2^3+C\sigma_1\sigma_2\sigma_3+D\sigma_3^2, \quad ②$$

其中 A,B,C,D 为待定系数。

取 $a=1,b=-1,c=0$，于是 $\sigma_1=0,\sigma_2=-1,\sigma_3=0$，由②有
$$-B=I=1, \qquad B=-1. \quad ③$$

取 $a=1,b=-1,c=1$，于是 $\sigma_1=1,\sigma_2=-1,\sigma_3=-1$，由②有
$$3=I=1-A+1+C+D. \quad ④$$

取 $a=2,b=c=-1$，于是 $\sigma_1=0,\sigma_2=-3,\sigma_3=2$，由②有
$$27=I=27+4D, \qquad D=0. \quad ⑤$$

取 $a=b=c=1$，于是 $\sigma_1=3,\sigma_2=3,\sigma_3=1$，由②有
$$27=I=81+27A-27+9C, \quad 3A+C+3=0 \quad ⑥$$

将 $D=0$ 代入④，得到
$$3=-A+C+2, \quad A-C+1=0 \quad ⑦$$

⑥和⑦联立，解得 $A=-1, C=0$，代入②，得到
$$I=\sigma_1^2\sigma_2^2-\sigma_1^3\sigma_3-\sigma_2^3 \quad ⑧$$

由已知, a, b, c 是方程 $5x^3-6x^2+7x-8=0$ 的3个根. 由韦达定理知

$$\sigma_1 = \frac{6}{5}, \quad \sigma_2 = \frac{7}{5}, \quad \sigma_3 = \frac{8}{5}.$$

代入①即得

$$I = \frac{1}{5^4}(6^2 \times 7^2 - 6^3 \times 8 - 7^3 \times 5) = -\frac{1679}{625}.$$

注 此结果与原书不符. 原书得出 $C=0$, 但原书为 $C=2$, 属于计算错误.

计算中求出 $B=-1$ 之后, 还可设为

② 取 $a=b=1, c=-2$, 于是 $\sigma_1=0, \sigma_2=-3, \sigma_3=-2$

$27 = I = 27 + 4D, \qquad D = 0.$

③ 取 $a=b=2, c=-1$, 于是 $\sigma_1=3, \sigma_2=0, \sigma_3=-4$.

$108 = I = -108A. \qquad A = -1.$

④ $a=b=1, c=-1$, 于是 $\sigma_1=1, \sigma_2=-1, \sigma_3=-1$

$3 = I = 1+1+1+C. \qquad C=0.$

12. 设 $x+y+z=0$，求证

$$\frac{x^2+y^2+z^2}{2} \cdot \frac{x^5+y^5+z^5}{5} = \frac{x^7+y^7+z^7}{7}. \quad ①$$

证 由已知 $\sigma_1 = 0$，故可设

$$x^2+y^2+z^2 = A\sigma_2, \quad ②$$
$$x^5+y^5+z^5 = B\sigma_2\sigma_3, \quad ③$$
$$x^7+y^7+z^7 = C\sigma_2^2\sigma_3. \quad ④$$

取 $x=y=1$，$z=-2$，于是 $\sigma_1=0$，$\sigma_2=-3$，$\sigma_3=-2$，由②~④有

$$6 = -3A, \quad -30 = 6B, \quad -126 = -18C.$$

解得 $A=-2$，$B=-5$，$C=7$. 分别代入②~④，再将②~④代入①即得①式成立.

廿六、数列（二）

1. 设数列
$$\cos\alpha, \cos 2\alpha, \cos 4\alpha, \cos 8\alpha, \cdots, \cos 2^n\alpha, \cdots$$
的所有项都是负数，求 α 的所有可能值。(表明《一中《高中数学》104页例8)

解 为求 α 的值，先证如下引理。

引理 对于满足题中要求的 α，必有 $\cos\alpha \le -\frac{1}{4}$。

若不然，则有 $-\frac{1}{4} < \cos\alpha < 0$，于是由倍角公式有
$$\cos 2\alpha = 2\cos^2\alpha - 1 < -\frac{7}{8}, \quad \cos 4\alpha = 2\cos^2 2\alpha - 1 > 0,$$

矛盾，所以引理成立。

由题设和引理知
$$\cos 2^n\alpha \le -\frac{1}{4}, \quad n = 1, 2, \cdots.$$

由此即得
$$\left|\cos 2^n\alpha - \frac{1}{2}\right| \ge \frac{3}{4}, \quad n = 1, 2, \cdots. \quad ①$$

利用恒等式
$$\cos 2\alpha + \frac{1}{2} = 2\cos^2\alpha - \frac{1}{2} = 2\left(\cos^2\alpha - \frac{1}{4}\right) = 2\left(\cos\alpha - \frac{1}{2}\right)\left(\cos\alpha + \frac{1}{2}\right)$$

可得
$$\left|\cos\alpha + \frac{1}{2}\right| \le \frac{2}{3}\left|\cos 2\alpha + \frac{1}{2}\right| \le \left(\frac{2}{3}\right)^2\left|\cos 4\alpha + \frac{1}{2}\right|$$
$$\le \cdots \le \left(\frac{2}{3}\right)^n\left|\cos 2^n\alpha + \frac{1}{2}\right| \le \left(\frac{2}{3}\right)^{n-1}, \quad n=1,2,\cdots \quad ②$$

因为 $\lim_{n\to\infty}\left(\frac{2}{3}\right)^{n-1} = 0$，故由②知
$$\left|\cos\alpha + \frac{1}{2}\right| = 0, \quad \cos\alpha = -\frac{1}{2}.$$
$$\alpha = 2k\pi \pm \frac{2}{3}\pi, \quad k \in \mathbb{Z}.$$

这时，$\cos\alpha = \cos 2\alpha = \cdots = \cos 2^n\alpha = \cdots = -\frac{1}{2}$，当然都是负数。

2. 是否存在满足下列条件的自然数的数列 $\{a_n\}$:

(i) 对固定 $n \in \mathbb{N}^*$, 数列 $\{a_n\}$ 的前 n 项之和 S_n 都能被 n 整除;

(ii) 每个正整数 k 恰在 $\{a_n\}$ 中出现 1 次? (参见《中等数学》104页)

解 首先, 按如下方法构造数列 $\{a_n\}$:

(1) 取 $a_1 = 1$;

(2) 当 $n \geq 2$ 时, 设 $a_1, a_2, \cdots, a_{n-1}$ 已确定, 记 $S_{n-1} = a_1 + a_2 + \cdots + a_{n-1}$. 定义 a_n 是使 $S_{n-1} + k$ 能被 n 整除且不在 $\{a_1, a_2, \cdots, a_{n-1}\}$ 中出现的最小自然数 k.

这样, (2) 就保证了每个正整数 k 至多在 $\{a_n\}$ 中出现 1 次且 $\{a_n\}$ 有无穷多项. 同时也保证了条件 (i) 被满足. 只须再证, 每个正整数都会在 $\{a_n\}$ 中出现.

注意, 数列 $\{a_n\}$ 的前 20 项是

1, 3, 2, 6, 8, 4, 11, 5, 14, 16, 7, 19, 21, 9, 24, 10, 27, 29, 12, 32 ①

开考察数列 $\{b_n = \dfrac{S_n}{n}\}$, 它的前 102 项为

1, 2, 2, 3, 4, 4, 5, 5, 6, 7, 7, 8, 从简单入手

从这 12 项可知

$$b_{n+1} - b_n \in \{0, 1\}, \quad n = 1, 2, \cdots, 11. \quad ②$$

下面我们来证明, 对所有 $n \in \mathbb{N}^*$, 都有 ② 式成立. 这时, 利用 b_n 的值, 可将 ① 式改写为

1, 1+2, 2, 2+4, 3+5, 4, 4+7, 5, 5+9, 6+10, 7, 7+12, …

1, b_1+1+1, b_2, b_3+3+1, b_4+4+1, b_5, b_6+6+1, b_7, b_8+8+1,

b_9+9+1, b_{10}, $b_{11}+11+1$, … ③

$a_{n+1} = b_n$ 或 $b_n + n + 1$, $n = 1, 2, \cdots, 11$.

设当 $n \leq k$ 时②成立,即③也成立,当 $n = k+1$ 时,因为

$$\left.\begin{array}{c}b_{n+1}\\ b_{n-1}+n\end{array}\right\} = a_n \leq b_{k-1}+k < b_k+k+1, \quad n \leq k,$$

所以 b_k 不属于 $\{a_1, a_2, \cdots, a_k\}$,否则 b_k+k+1 不属于 $\{a_1, \cdots, a_k\}$. 若为奇者,则按(2)必有 $a_{k+1} = b_k$,若为后者,则 $a_k = b_k+k+1$. 按 b_n 定义即有 $b_{k+1} = b_k$ 或 $b_{k+1} = b_k+1$.

因为

$$S_n = a_1 + a_2 + \cdots + a_n \geq 1 + 2 + \cdots + n = \frac{1}{2}n(n+1).$$

所以

$$b_n = \frac{S_n}{n} \geq \frac{1}{2}(n+1).$$

故 $\{b_n\}$ 作为集合与 $\mathbb{N}^*$ 相同. 于是对任何 $m \in \mathbb{N}^*$,必有 $\ell \in \mathbb{N}^*$,使 $b_\ell = m$. 考察 $\{a_1, a_2, \cdots, a_\ell\}$,若 $m \notin \{a_1, a_2, \cdots, a_\ell\}$,则 $a_{\ell+1} = m$. 所以 m 必在 $\{a_n\}$ 中出现.

3. 数列 $a_0, a_1, \cdots, a_n$ $(n \geq 2)$ 的各项均非负, $a_0 = a_n = 0$. 求最小正实数 λ, 使得对所有(满足上述条件的)数列 $a_0, a_1, \cdots, a_n$, 总存在 $i \in \{1, 2, \cdots, n-1\}$, 使得 $a_{i-1} + a_{i+1} \leq \lambda a_i$. (长沙一中《高中数学(上)》105页例10)

解 注意, 当 $\lambda = 2$ 时, $a_{i-1} + a_{i+1} \leq 2a_i$ 恰为上述各数定义中的凸式. 再由 $a_0 = a_n = 0$ 知 $\sin x$ 在区间 $[0, \pi]$ 上的 n 等分点的值满足题中条件.

令
$$a_i = \sin \frac{i\pi}{n}, \quad i = 0, 1, \cdots, n,$$
则 $a_0 = a_n = 0$, $a_i \geq 0$, $i = 0, 1, \cdots, n$. 且对任意 $i \in \{1, 2, \cdots, n-1\}$, 由和差化积公式有
$$a_{i-1} + a_{i+1} = \sin\frac{(i-1)\pi}{n} + \sin\frac{(i+1)\pi}{n} = 2\cos\frac{\pi}{n} \sin\frac{i\pi}{n} = 2\cos\frac{\pi}{n} a_i.$$
这表明凡是小于 $\lambda_0 = 2\cos\frac{\pi}{n}$ 的实数 λ 都不可能满足题中要求. 因此, 所求的最小正实数 $\lambda \geq 2\cos\frac{\pi}{n}$.

另一方面, 若 $\lambda_0 = 2\cos\frac{\pi}{n}$ 满足题中要求, 则它就是所求的最小正实数. 反之, 若 λ_0 不是所求的最小正实数, 则它不满足题中要求, 故存在满足要求的数列 $a_0, a_1, \cdots, a_n$, 使得
$$a_{i-1} + a_{i+1} > \lambda_0 a_i, \quad i = 1, 2, \cdots, n-1. \qquad ①$$
下面用数学归纳法证明, 对于 $i \in \{1, 2, \cdots, n-1\}$, 均有
$$a_{i+1} > \frac{\sin\frac{i+1}{n}\pi}{\sin\frac{i}{n}\pi} a_i. \qquad ②$$
(1) 当 $i = 1$ 时, 由 $a_0 = 0$ 和 ① 有
$$a_2 = a_0 + a_2 > 2\cos\frac{\pi}{n} a_1 = \frac{\sin\frac{2}{n}\pi}{\sin\frac{\pi}{n}} a_1,$$
即当 $i = 1$ 时 ② 成立.

(2) 设当 $i=k-1$ 时②成立，即有

$$a_k > \frac{\sin\frac{k}{n}\pi}{\sin\frac{k-1}{n}\pi} a_{k-1}, \quad a_{k-1} < \frac{\sin\frac{k-1}{n}\pi}{\sin\frac{k}{n}\pi} a_k. \quad ③$$

由①和③有

$$a_{k-1} + a_{k+1} > 2\cos\frac{\pi}{n} a_k,$$

$$a_{k+1} > 2\cos\frac{\pi}{n} a_k - a_{k-1} > 2\cos\frac{\pi}{n} a_k - \frac{\sin\frac{k-1}{n}\pi}{\sin\frac{k}{n}\pi} a_k$$

$$= \frac{2\cos\frac{\pi}{n}\sin\frac{k}{n}\pi - \sin\frac{k-1}{n}\pi}{\sin\frac{k}{n}\pi} a_k = \frac{\sin\frac{k+1}{n}\pi}{\sin\frac{k}{n}\pi} a_k,$$

即当 $i=k$ 时，②成立。从而②式对 $i=1,2,\cdots,n-1$ 都成立。

特别地，当 $i=n-1$ 时，②式化为

$$a_n > \frac{\sin\frac{n+1}{n}\pi}{\sin\frac{n-1}{n}\pi} a_{n-1} = 0 = a_n,$$

矛盾，综上可知，$\lambda_0 = 2\cos\frac{\pi}{n}$ 就是所求的最小正实数。

4. 设 $f(x)$ 是周期函数，T 和 1 都是 $f(x)$ 的周期且 $0<T<1$，求证：

(i) 若 T 为有理数，则存在素数 p，使 $\frac{1}{p}$ 是 $f(x)$ 的周期；

(ii) 若 T 为无理数，则存在各项均为无理数的数列 $\{\alpha_n\}$ 满足 $1>\alpha_n>\alpha_{n+1}>0$ ($n=1,2,\cdots$) 且每个 α_n ($n=1,2,\cdots$) 都是 $f(x)$ 的周期。

(2008年全国联赛二试二题)

证 (1) 若 T 为有理数，则存在 $m, n \in \mathbb{N}^*$，使得 $T=\frac{n}{m}$ 且 $(m,n)=1$。于是由裴蜀定理知存在 $a, b \in \mathbb{Z}$，使得 $am+bn=1$。从而有

$$\frac{1}{m} = \frac{am+bn}{m} = a+bT = a\cdot 1 + b\cdot T$$

是函数 $f(x)$ 的周期。

又因 $0<T<1$，必有 $m\geq 2$，设 p 是 m 的一个素因子，$m=p\cdot m'$，$m'\in \mathbb{N}^*$，于是

$$\frac{1}{p} = m'\cdot \frac{1}{m}$$

作为周期 $\frac{1}{m}$ 的整数倍当然是 $f(x)$ 的周期。

(2) 设 T 为无理数，令 $\alpha_1 = 1-\left[\frac{1}{T}\right]T$ 及

$$\alpha_{n+1} = 1-\left[\frac{1}{\alpha_n}\right]\alpha_n, \quad n=1,2,\cdots,$$

于是诸 α_n 均为无理数且 $0<\alpha_n<1$。又因 $\frac{1}{\alpha_n}-\left[\frac{1}{\alpha_n}\right]<1$，故有

$$1<\alpha_n+\left[\frac{1}{\alpha_n}\right]\alpha_n, \quad \alpha_{n+1}=1-\left[\frac{1}{\alpha_n}\right]\alpha_n<\alpha_n.$$

最后，由 1 和 T 都是 $f(x)$ 的周期，故 $\alpha_1 = 1-\left[\frac{1}{T}\right]T$ 也是 $f(x)$ 的周期。设 α_k 是 $f(x)$ 的周期，于是 $\alpha_{k+1}=1-\left[\frac{1}{\alpha_k}\right]\alpha_k$ 也是 $f(x)$ 的周期。由数学归纳法知，所有 α_n 都是 $f(x)$ 的周期。

注 这是命题组提供的答案，是本题的数论证法。

证2 (1) 设T为有理数,于是存在$m,n\in \mathbb{N}^*$,使得$T=\dfrac{n}{m}$且有$(m,n)=1$. 因为$0<T<1$,所以$m>n\geq 1$,$m\geq 2$.

设p是m的一个质因子,于是可写$m=pm_1$,$m_1\in \mathbb{N}^*$. 因而$m_1T=\dfrac{n}{p}$为$f(x)$的周期. 由于$(m,n)=1$,故$(p,n)=1$,所以n在模p中的逆元,即有$kn\equiv 1\pmod{p}$或写成$kn=k_1p+1$,$k\in \mathbb{N}$. 因为1和$\dfrac{n}{p}$都是$f(x)$的周期,所以$\dfrac{1}{p}=\dfrac{kn-k_1p}{p}=k\cdot \dfrac{n}{p}-k_1$也是$f(x)$的周期.

(2) 令
$$S=\{\alpha\mid \alpha\text{为}f(x)\text{的周期且}\alpha\text{为无理数},0<\alpha<1\},$$
显然$T\in S$,$1-T\in S$.

引理 集S中没有最小元.

证 表不然,设$\alpha_0\in S$为S的最小元,于是α_0为无理数,$0<\alpha_0<1$且α_0为$f(x)$的周期. 故存在$k\in \mathbb{N}^*$,使得
$$k\alpha_0<1<(k+1)\alpha_0.$$
取$\beta=1-k\alpha_0$,于是$0<\beta<1$,β为无理数且为$f(x)$的周期. 所以$\beta\in S$且$\beta<\alpha_0$. 与α_0的最小性矛盾.

回到原题的证 取$\alpha_1=T$. 由于T不是S的最小值,故存在$\alpha_2\in S$且$\alpha_2<\alpha_1$. 由引理又知α_2不是S的最小值,所以又有$\alpha_3\in S$,使得$\alpha_3<\alpha_2$. 这样继续下去,即可得到数列$\{\alpha_n\}$,满足(ii)中的全部要求.

证3 只证(ii). 先证如下的引理.

引理 对于任何$\varepsilon>0$,都存在$f(x)$的周期α,$0<\alpha<\varepsilon$,α为无理数.

引理之证 考察数列
$$\beta_n = \{nT\}, \quad n=1,2,\cdots.$$

显然，以后 β_n 都是 $f(x)$ 的周期，都是无理数且 $0<\beta_n<1$。且易证 $\{\beta_n\}$ 互不相同。

取正整数 m 足够大，使 $\frac{1}{m}<\varepsilon$。将 $[0,1]$ 均分成 m 等分，于是每个小区间的长度都小于 ε。无穷多个 β_n 分属于这 m 个小区间，由抽屉原理知必有 β_i 与 β_j $(i<j)$ 属于同一个小区间，于是
$$\alpha = |\{iT\} - \{jT\}| < \varepsilon.$$

若 α 为有理数，不妨设 $\alpha = \{iT\} - \{jT\}$，于是有
$$\alpha = (iT - [iT]) - (jT - [jT])$$
$$= (i-j)T - ([iT] - [jT]).$$

上式左端 α 为有理数而右端第 1 项为无理数，第 2 项为整数，矛盾。以以 α 为无理数且为 $f(x)$ 的周期，$0<\alpha<\varepsilon$。

回到原题的证明。取 $\alpha_1 = T$ 及 $n_2 \in \mathbb{N}^*$，使 $\frac{1}{n_2} < \alpha_1$，于是由引理之证存在 $f(x)$ 的周期 α_2 为无理数且 $0<\alpha_2<\frac{1}{n_2}<\alpha_1$。一般地，若已求得 α_k，使 $T = \alpha_1 > \alpha_2 > \cdots > \alpha_k > 0$，$\alpha_1, \cdots, \alpha_k$ 都是无理数，都是 $f(x)$ 的周期，则由引理之证又存在 α_{k+1} 为 $f(x)$ 的周期，$\alpha_k > \alpha_{k+1} > 0$ 且 α_{k+1} 为无理数。显然，这样得到的数列 $\{\alpha_k\}$ 满足 (ii) 中要求。

(iii) $\{\alpha_k\}$ 为有界数列，当必可由致密性定理抽出收敛的子数列再按大小重排。

注4 只证(ii). 考察数列
$$\beta_n = \{nT\}, \quad n=1,2,\cdots.$$

因为1和T都是$f(x)$的周期，$0<T<1$且T为无理数，所以诸β_n都是$f(x)$的周期，都是无理数且$0<\beta_n<1$, $n=1,2,\cdots$，即$\{\beta_n\}$为有界数列。由致密性定理知有收敛子列$\{\beta_{n_k}\}$，设$\lim\limits_{k\to\infty}\beta_{n_k}=b$，于是$0\le b\le 1$。注意，$\{\beta_{n_k}\}$中或者有无穷多项$\ge b$，或者有无穷多项$\le b$。不妨设为前者。若为后者，只须考虑$\{1-\beta_{n_k}\}$即可。这样一来，不妨设所有$\beta_{n_k}$都大于$b$。

为简单计，改记$\gamma_k=\beta_{n_k}$，于是$\lim\limits_{k\to\infty}\gamma_k=b$，$b<\gamma_k<1$，$\gamma_k$都是$f(x)$的周期且均为无理数。下面我们要重排数列$\{\gamma_k\}$，使重排后的数列严格单调递减。为此，不妨设$b=0$而$\gamma_1>\dfrac{1}{2}$。

因为$\lim\limits_{k\to\infty}\gamma_k=0$，$0<\gamma_k<1$，故对任给的$m\in \mathbb{N}^*$，都存在$K_m\in\mathbb{N}^*$，使得
$$0<\gamma_k<\dfrac{1}{m}, \quad 当k\ge K_m, \quad m=2,3,\cdots. \qquad ①$$

将$\{\gamma_1,\gamma_2,\cdots,\gamma_{K_2-1}\}$按从大到小的顺序排列，于是重排后的各项前一部分均大于$\dfrac{1}{2}$，后一部分均小于$\dfrac{1}{2}$（这一部分可能不存在）。当后一部分存在时，将这一部分的各项与$\{\gamma_{K_2},\gamma_{K_2+1},\cdots,\gamma_{K_3-1}\}$放在一起按从大到小的顺序重排。排好之后接在第1次重排部分的第1段之后。于是后面又可能有一部分项小于$\dfrac{1}{3}$，再把这一部分与$\{\gamma_{K_3},\gamma_{K_3+1},\cdots,\gamma_{K_4-1}\}$接在一起重排。这样继续下去，即可将$\{\gamma_k\}$重排成一个严格递减数列$\{\alpha_k\}$，它满足(ii)中全部要求。

注 本题证明了不是有界数列中必有收敛子列，收敛子列中必有单边收敛子列（即中大于极限值或小于极限值的一子收敛于极限）。单边收敛子列可重排成单调收敛子列。对于有界数列和双边收敛的数列是无法重排成单调收敛数列的。举例如下。

例1 设数列 $\{a_n\}$ 定义如下：

$$a_n = \begin{cases} \dfrac{1}{2} + \dfrac{1}{2m}, & n=2m, \\ \dfrac{1}{2} - \dfrac{1}{2m+1}, & n=2m+1. \end{cases} \quad m=1,2,\cdots.$$

即 $a_n = \dfrac{1}{2} + \dfrac{(-1)^n}{n}$，这时 $\lim\limits_{n\to\infty} a_n = \dfrac{1}{2}$，但是按大小重排时偶数次排在前，而因偶数次有无穷多项，所以永远排不到奇数子次。

5. 设 $a_k > 0$, $k = 1, 2, \cdots, 2008$. 求证当且仅当 $\sum_{k=1}^{2008} a_k > 1$ 时, 存在数列 $\{x_n\}$ 满足以下条件:

(i) $0 = x_0 < x_n < x_{n+1}$, $n = 1, 2, 3, \cdots$;

(ii) $\lim_{n \to \infty} x_n$ 存在; (2008年全国联赛二试三题)

(iii) $x_n - x_{n-1} = \sum_{k=1}^{2008} a_k x_{n+k} - \sum_{k=0}^{2007} a_{k+1} x_{n+k}$, $n = 1, 2, \cdots$.

证 必要性. 假设存在数列 $\{x_n\}$ 满足题中条件 (i)-(iii). 于是由 (iii) 有

$$x_n - x_{n-1} = \sum_{k=1}^{2008} a_k (x_{n+k} - x_{n+k-1}), \quad n = 1, 2, \cdots. \quad \text{①}$$

将①式从 1 到 n 求和并注意 $x_0 = 0$, 得到

$$\begin{aligned}
x_n &= (x_n - x_{n-1}) + (x_{n-1} - x_{n-2}) + \cdots + (x_2 - x_1) + (x_1 - x_0) \\
&= \sum_{k=1}^{2008} a_k (x_{n+k} - x_{n+k-1}) + \sum_{k=1}^{2008} a_k (x_{n+k-1} - x_{n+k-2}) + \cdots \\
&\quad + \sum_{k=1}^{2008} a_k (x_{2+k} - x_{1+k}) + \sum_{k=1}^{2008} a_k (x_{1+k} - x_k) \\
&= a_1 \sum_{m=1}^{n} (x_{m+1} - x_m) + a_2 \sum_{m=1}^{n} (x_{m+2} - x_{m+1}) + \cdots \\
&\quad + a_{2007} \sum_{m=1}^{n} (x_{m+2007} - x_{m+2006}) + a_{2008} \sum_{m=1}^{n} (x_{m+2008} - x_{m+2007}) \\
&= a_1(x_{n+1} - x_1) + a_2(x_{n+2} - x_2) + \cdots + \\
&\quad a_{2007}(x_{n+2007} - x_{2007}) + a_{2008}(x_{n+2008} - x_{2008}). \quad \text{②}
\end{aligned}$$

由 (i) 和 (ii) 知 $\lim_{n \to \infty} x_n = b > 0$, 故当于②式中令 $n \to \infty$ 同时取极限时即得

$$b = a_1(b - x_1) + a_2(b - x_2) + \cdots + a_{2007}(b - x_{2007}) + a_{2008}(b - x_{2008})$$

$$= b(a_1+a_2+\cdots+a_{2007}+a_{2008}) - \sum_{k=1}^{2008} a_k x_k$$

$$< b\sum_{k=1}^{2008} a_k.$$

因 $b>0$，两边约去 b，即得 $\sum_{k=1}^{2008} a_k > 1$。

充分性。设 $\sum_{k=1}^{2008} a_k > 1$，定义多项式函数

$$f(x) = \sum_{k=1}^{2008} a_k x^k - 1, \quad x \in [0,1],$$

则 $f(x)$ 在 $[0,1]$ 上是严格递增的连续函数且有

$$f(0) = -1 < 0, \quad f(1) = \sum_{k=1}^{2008} a_k - 1 > 0.$$

由连续函数之介值定理和严格递增性知 $f(x)=0$ 在 $[0,1]$ 内部有唯一的根 x_0，即有 $f(x_0)=0$，$0<x_0<1$。

下面构造数列 $\{x_n\}$ 为

$$x_n = \sum_{k=1}^{n} x_0^k, \quad n=1,2,\cdots,$$

于是 $\{x_n\}$ 满足题中条件 (i) 且

$$x_n = \sum_{k=1}^{n} x_0^k = \frac{x_0 - x_0^{n+1}}{1-x_0}. \qquad ③$$

因为 $0<x_0<1$，故 $\lim_{n\to\infty} x_0^{n+1} = 0$，此又由 ③ 可得

$$\lim_{n\to\infty} x_n = \lim_{n\to\infty} \frac{x_0 - x_0^{n+1}}{1-x_0} = \frac{x_0}{1-x_0},$$

即数列 $\{x_n\}$ 的极限存在，满足条件 (ii)。

最后，因为 $0 = f(x_0) = \sum_{k=1}^{2008} a_k x_0^k - 1$，即 $\sum_{k=1}^{2008} a_k x_0^k = 1$，此式

$$x_n - x_{n-1} = x_0^n = \left(\sum_{k=1}^{2008} a_k x_0^k\right) x_0^n = \sum_{k=1}^{2008} a_k x_0^{n+k} = \sum_{k=1}^{2008} a_k (x_{n+k} - x_{n+k-1}).$$

即 (iii) 成立。综上数列 $\{x_n\}$ 满足条件 (i)~(iii)。

注 无穷性的证明还可改为：设 $\sum_{k=1}^{2008} a_k > 1$，令 $y_n = x_n - x_{n+1}$，于是由①有

$$y_n = \sum_{k=1}^{2008} a_k y_{n+k} \qquad ④$$

易见④是 $\{y_n\}$ 的递推方程，它所对应的特征方程为

$$\lambda^n = \sum_{k=1}^{2008} a_k \lambda^{n+k}.$$

两端除以 λ^n，得到

$$\sum_{k=1}^{2008} a_k \lambda^k = 1, \qquad ⑤$$

即特征根 λ 应为函数

$$f(x) = \sum_{k=1}^{2008} a_k x^k - 1 = 0 \qquad ⑥$$

的根。注意，函数 $f(x)$ 在 $[0,1]$ 上严格递增且有

$$f(0) = -1 < 0, \quad f(1) = \sum_{k=1}^{2008} a_k - 1 > 0,$$

于是由连续函数的介值定理及严格递增性知存在唯一的 $x_0 \in (0,1)$，使得

$$\sum_{k=1}^{2008} a_k x_0^k - 1 = f(x_0) = 0.$$

取 $\lambda = x_0$，于是⑤式成立。令 $y_n = x_0^n$，$n = 1, 2, \cdots$，由②中一式有

$$x_n = \sum_{k=1}^{n} y_k = \sum_{k=1}^{n} x_0^k = \frac{x_0 - x_0^{n+1}}{1 - x_0}.$$

于是 $\{x_n\}$ 满足(i)和(iii)，像证明中一样可知(ii)也成立。

6. 设 $\{x_n\}$, $\{y_n\}$ 为两个整数数列，定义如下：

$x_0=1$, $x_1=1$, $x_{n+1}=x_n+2x_{n-1}$, $n=1,2,\cdots$, ①

$y_0=1$, $y_1=7$, $y_{n+1}=2y_n+3y_{n-1}$, $n=1,2,\cdots$, ②

求证：除 $x_0=x_1=y_0=1$ 之外，这两个数列中没有值相同的项。

(1973年美国数学奥林匹克2题)

证1 由①有

$$x_{n+1}=x_n+2x_{n-1}, \quad n=1,2,\cdots,$$
$$x_{n+1}-x_n=2x_{n-1},$$
$$x_{n+1}-2x_n=-x_n+2x_{n-1}=-(x_n-2x_{n-1}).$$

这表明数列 $\{x_n-2x_{n-1}\}$ 是以 x_1-2x_0 为首项，以 (-1) 为公比的等比数列。又因 $x_0=x_1=1$，所以 $x_1-2x_0=-1$，故得

$$x_n-2x_{n-1}=(-1)^n, \quad n=1,2,\cdots. \quad ③$$

将③中下标 n 依次取 $n, n-1, \cdots, 2, 1$，有

$$x_n-2x_{n-1}=(-1)^n, \quad ③_n$$
$$x_{n-1}-2x_{n-2}=(-1)^{n-1}, \quad ③_{n-1}$$
$$\vdots$$
$$x_2-2x_1=(-1)^2, \quad ③_2$$
$$x_1-2x_0=(-1)^1, \quad ③_1$$

$③_n + ③_{n-1}\times 2 + \cdots + ③_2 \times 2^{n-2} + ③_1 \times 2^{n-1}$，得

$$x_n-2^n x_0=(-1)^n\{1-2+2^2-\cdots+(-1)^{n-1}2^{n-1}\},$$

$$x_n-2^n=(-1)^n\frac{1-(-2)^n}{1-(-2)}=\frac{(-1)^n[1-(-2)^n]}{3},$$

$$x_n=\frac{1}{3}(-1)^n\{1+2(-2)^n\}=\frac{1}{3}\{(-1)^n+2^{n+1}\}. \quad ④$$

同理有   ④和⑤均可由特征方程直接求得!
$$y_n = 2\times 3^n - (-1)^n. \qquad ⑤$$

显然,④和⑤分别为$\{x_n\}$与$\{y_n\}$的通项公式.

设结论不成立,即除1之外,$\{x_n\}$和$\{y_n\}$中还有公共之素,不妨设有
$$x_m = y_n, \quad m,n \in \mathbb{N}^*, \ m > 1.$$
于是
$$\tfrac{1}{3}\{2^{m+1} + (-1)^m\} = 2\times 3^n - (-1)^n,$$
$$2\times 3^{n+1} - 2^{m+1} = (-1)^m + 3(-1)^n,$$
$$2(3^{n+1} - 2^m) = (-1)^m + 3(-1)^n. \qquad ⑥$$

若m与n奇偶性相同,则⑥式右端能被4整除但左端只能被2整除而不能被4整除,矛盾.故⑥中m与n奇偶性不同.

(i) 设m偶n奇.于是⑥式化为
$$2(3^{n+1} - 2^m) = -2, \quad 3^{n+1} - 2^m = -1. \qquad ⑦$$
由于m和$n+1$都是偶数,故有$k, \ell \in \mathbb{N}^*$,使$m = 2k$, $n+1 = 2\ell$.于是⑦式化为
$$-1 = 3^{2\ell} - 2^{2k} = 9^\ell - 4^k \equiv +1 \pmod{4},$$
矛盾.

(ii) 设m奇n偶,于是⑥式化为
$$2(3^{n+1} - 2^m) = 2, \quad 3^{n+1} - 2^m = 1.$$
$$2^m = 3^{n+1} - 1 = 2(3^n + 3^{n-1} + \cdots + 3 + 1),$$
$$0 \equiv 2^{m-1} = 3^n + 3^{n-1} + \cdots + 3 + 1 \equiv 1 \pmod{4},$$
矛盾.这就证明了本题结论成立.

证2. 从简单入手，由①和②有
$$\{x_n\}: 1, 1, 3, 5, 11, 21, \cdots$$
$$\{y_n\}: 1, 7, 17, 55, 161, 487, \cdots$$

模8看来，有
$$\{x_n\}: 1, 1, 3, 5, 3, 5, \cdots,$$
$$\{y_n\}: 1, 7, 1, 7, 1, 7, \cdots,$$

这表明模8看来，$\{x_n\}$和$\{y_n\}$可能都是周期数列. 当然，这还需要加以证明. 即证

$$x_n \equiv \begin{cases} 3, & \text{当}n\text{为偶}; \\ 5, & \text{当}n\text{为奇}. \end{cases} \quad y_n \equiv \begin{cases} 1, & \text{当}n\text{为偶}; \\ 7, & \text{当}n\text{为奇}. \end{cases} \quad \text{⑧}$$

当$n \leq k$时，⑧中前一式成立. 当$n = k+1$时，若k为偶，则由①有

$$x_{k+1} = x_k + 2x_{k-1} \equiv 3 + 2 \times 5 \equiv 5;$$

若k为奇数，则由①又有

$$x_{k+1} = x_k + 2x_{k-1} \equiv 5 + 2 \times 3 \equiv 3,$$

即⑧中前一式成立.

设当$n \leq k$时，⑧中后一式成立. 当$n = k+1$时，

k偶：$y_{k+1} = 2y_k + 3y_{k-1} \equiv 2 \times 1 + 3 \times 7 \equiv 7$；

k奇：$y_{k+1} = 2y_k + 3y_{k-1} \equiv 2 \times 7 + 3 \times 1 \equiv 1$.

这表明⑧式对所有$n \geq 2$都成立. 由此可知$\{x_n \pmod 8) | n \geq 2\}$与$\{y_n \pmod 8) | n \geq 2\}$中没有公共元素. 从而数列$\{x_n\}$和$\{y_n\}$中除1之外也没有公共元素.

7. 已知 p 和 $q(q\neq 0)$ 均为实数，方程 $x^2-px+q=0$ 有两个实根 α, β，数列 $\{a_n\}$ 满足 $a_1=p$, $a_2=p^2-q$, $a_n=pa_{n-1}-qa_{n-2}$ $(n=3,4,\cdots)$.

(i) 求数列 $\{a_n\}$ 的通项公式（用 α, β 表示）；

(ii) 若 $p=1$, $q=\dfrac{1}{4}$, 求数列 $\{a_n\}$ 的前 n 项和. (2009年一试二一2题)

解 由韦达定理知 $\alpha\cdot\beta=q\neq 0$, $\alpha+\beta=p$, 所以

$$a_n=pa_{n-1}-qa_{n-2}=(\alpha+\beta)a_{n-1}-\alpha\beta a_{n-2},\ n=3,4,\cdots.$$

整理得

$$a_n-\beta a_{n-1}=\alpha(a_{n-1}-\beta a_{n-2})=\alpha^2(a_{n-2}-\beta a_{n-3})=\cdots$$
$$=\alpha^{n-2}(a_2-\beta a_1)=\alpha^{n-2}(p^2-q-\beta(\alpha+\beta))$$
$$=\alpha^{n-2}(\alpha^2+\beta^2+2\alpha\beta-\alpha\beta-\alpha\beta-\beta^2)=\alpha^n.$$

由此可得

$$a_n=\beta a_{n-1}+\alpha^n,\quad n=3,4,\cdots. \qquad ①$$

由此递推，得到

$$a_n=\beta a_{n-1}+\alpha^n=\beta(\beta a_{n-2}+\alpha^{n-1})+\alpha^n$$
$$=\beta^2 a_{n-2}+\beta\alpha^{n-1}+\alpha^n=\beta^2(\beta a_{n-3}+\alpha^{n-2})+\beta\alpha^{n-1}+\alpha^n$$
$$=\beta^3 a_{n-3}+\beta^2\alpha^{n-2}+\beta\alpha^{n-1}+\alpha^n=\cdots$$
$$=\beta^{n-3}a_3+\beta^{n-4}\alpha^4+\cdots+\beta\alpha^{n-1}+\alpha^n$$
$$=\beta^{n-3}(\beta a_2+\alpha^3)=\beta^{n-2}a_2+\beta^{n-3}\alpha^3+\beta^{n-4}\alpha^4+\cdots+\beta\alpha^{n-1}+\alpha^n$$
$$=\beta^{n-2}(p^2-q)+\beta^{n-3}\alpha^3+\beta^{n-4}\alpha^4+\cdots+\beta\alpha^{n-1}+\alpha^n$$
$$=\beta^{n-2}(\alpha^2+\alpha\beta+\beta^2)+\beta^{n-3}\alpha^3+\beta^{n-4}\alpha^4+\cdots+\beta\alpha^{n-1}+\alpha^n$$
$$=\beta^n+\beta^{n-1}\alpha+\beta^{n-2}\alpha^2+\beta^{n-3}\alpha^3+\cdots+\beta\alpha^{n-1}+\alpha^n$$
$$=\begin{cases}(n+1)\alpha^n, & \text{当 } \alpha=\beta,\\ \dfrac{\beta^{n+1}-\alpha^{n+1}}{\beta-\alpha}, & \text{当 } \alpha\neq\beta,\end{cases} \qquad ②$$

② 求足 $\{a_n\}$ 的通项公式。因为当 $n=1,2$ 时，①式显然成立。

(ii) 当 $p=1, q=\frac{1}{4}$ 时，$\Delta = p^2 - 4q = 0$，易知 $\alpha = \beta = \frac{1}{2}$，于是由②得

$$a_n = (n+1)\alpha^n = (n+1)\left(\frac{1}{2}\right)^n = \frac{n+1}{2^n}. \qquad ③$$

因此，$\{a_n\}$ 的前 n 项和为

$$S_n = \frac{2}{2} + \frac{3}{2^2} + \frac{4}{2^3} + \cdots + \frac{n}{2^{n-1}} + \frac{n+1}{2^n},$$

$$\frac{1}{2}S_n = \frac{2}{2^2} + \frac{3}{2^3} + \frac{4}{2^4} + \cdots + \frac{n}{2^n} + \frac{n+1}{2^{n+1}}.$$

两式相减，得到

$$\frac{1}{2}S_n = 1 + \frac{1}{2^2} + \frac{1}{2^3} + \cdots + \frac{1}{2^{n-1}} + \frac{1}{2^n} - \frac{n+1}{2^{n+1}}$$

$$= 1 + \frac{1}{2} + \frac{1}{2^2} + \frac{1}{2^3} + \cdots + \frac{1}{2^{n-1}} + \frac{1}{2^n} - \frac{1}{2} - \frac{n+1}{2^{n+1}}$$

$$= 2\left(1 - \frac{1}{2^{n+1}}\right) - \frac{1}{2} - \frac{n+1}{2^{n+1}} = \frac{3}{2} - \frac{n+3}{2^{n+1}}.$$

故得 $\{a_n\}$ 的前 n 项和为

$$S_n = 3 - \frac{n+3}{2^n}.$$

注 此答案与标准答案中心两个部分均不同。

解2 由已知 $a_1 = p = \alpha + \beta$，$a_2 = p^2 - q = \alpha^2 + \alpha\beta + \beta^2$，和递推公式

$$a_n = (\alpha+\beta)a_{n-1} - \alpha\beta a_{n-2}, \quad n=3,4,\cdots \qquad ①$$

有

$$a_3 = (\alpha+\beta)a_2 - \alpha\beta a_1 = (\alpha+\beta)(\alpha^2+\alpha\beta+\beta^2) - \alpha\beta(\alpha+\beta)$$

$$= (\alpha+\beta)(\alpha^2+\beta^2) = \alpha^3 + \alpha^2\beta + \alpha\beta^2 + \beta^3.$$

$$a_4 = (\alpha+\beta)a_3 - \alpha\beta a_2 = (\alpha+\beta)(\alpha^3+\alpha^2\beta+\alpha\beta^2+\beta^3) - \alpha\beta(\alpha^2+\alpha\beta+\beta^2)$$
$$= \alpha^4 + \alpha^3\beta + \alpha^2\beta^2 + \alpha\beta^3 + \alpha^3\beta + \alpha^2\beta^2 + \alpha\beta^3 + \beta^4 - \alpha^3\beta - \alpha^2\beta^2 - \alpha\beta^3$$
$$= \alpha^4 + \alpha^3\beta + \alpha^2\beta^2 + \alpha\beta^3 + \beta^4.$$

可见,当 $n=1,2,3,4$ 时,均有
$$a_n = \sum_{i=0}^{n} \alpha^{n-i}\beta^i, \qquad ②$$

下面用数学归纳法证明,对所有 $n \in \mathbb{N}^*$,②式都成立。设 $k \geq 4$,当 $n \leq k$ 时②成立,于是当 $n=k+1$ 时,由递推公式①和归纳假设②有
$$a_{k+1} = (\alpha+\beta)a_k - \alpha\beta a_{k-1} = (\alpha+\beta)\sum_{i=0}^{k}\alpha^{k-i}\beta^i - \alpha\beta\sum_{i=0}^{k-1}\alpha^{k-1-i}\beta^i$$
$$= \sum_{i=0}^{k}\alpha^{k+1-i}\beta^i + \sum_{i=0}^{k}\alpha^{k-i}\beta^{i+1} - \sum_{i=0}^{k-1}\alpha^{k-i}\beta^{i+1}$$
$$= \sum_{i=0}^{k}\alpha^{k+1-i}\beta^i + \beta^{k+1} = \sum_{i=0}^{k+1}\alpha^{k+1-i}\beta^i,$$

即当 $n=k+1$ 时②式成立,这就完成了归纳证明。

以下证明同解1。

解3 由已知,递推方程为
$$0 = a_n - (\alpha+\beta)a_{n-1} + \alpha\beta a_{n-2}. \qquad ①$$

其特征方程为
$$0 = \lambda^2 - (\alpha+\beta)\lambda + \alpha\beta = (\lambda-\alpha)(\lambda-\beta). \qquad ②$$

特征根为 $\lambda_1 = \alpha, \lambda_2 = \beta$。

(1) 当 $\alpha = \beta \neq 0$ 时,只有一个特征根,但这时两组相关的解可以取为 α^n 和 $n\alpha^n$。于是 $\{a_n\}$ 的通解为
$$a_n = A_1\alpha^n + A_2 n\alpha^n, \quad n=1,2,\cdots. \qquad ③$$

由③和已知条件，应有
$$2\alpha = a_1 = (A_1+A_2)\alpha,\qquad \begin{cases} A_1+A_2=2,\\ A_1+2A_2=3.\end{cases}$$
$$3\alpha^2 = a_2 = (A_1+2A_2)\alpha^2.$$

解得 $A_1 = A_2 = 1$，代入③，得到 $\{a_n\}$ 的通项公式为
$$a_n = \alpha^n + n\alpha^n = (1+n)\alpha^n,\quad n=1,2,\cdots.$$

(2) 当 $\alpha \neq \beta$ 时，又有
$$a_n = B_1\alpha^n + B_2\beta^n,\quad n=1,2,\cdots. \qquad ④$$
$$\alpha+\beta = a_1 = B_1\alpha + B_2\beta,\qquad \begin{cases} B_1\alpha + B_2\beta = \alpha+\beta, & ⑤\\ B_1\alpha^2 + B_2\beta^2 = \alpha^2+\alpha\beta+\beta^2. & ⑥\end{cases}$$
$$\alpha^2+\alpha\beta+\beta^2 = a_2 = B_1\alpha^2 + B_2\beta^2,$$

⑤ $\times \alpha$，得到
$$B_1\alpha^2 + B_2\alpha\beta = \alpha^2 + \alpha\beta. \qquad ⑦$$

⑥ $-$ ⑦，又得
$$B_2\beta(\beta-\alpha) = \beta^2,\quad B_2(\beta-\alpha) = \beta,\quad B_2 = \frac{\beta}{\beta-\alpha}. \qquad ⑧$$

将⑧代入⑤，
$$B_1\alpha = \alpha+\beta - \frac{\beta^2}{\beta-\alpha} = \frac{\beta^2-\alpha^2-\beta^2}{\beta-\alpha} = -\frac{\alpha^2}{\beta-\alpha},\quad B_1 = -\frac{\alpha}{\beta-\alpha} \quad ⑨$$

将⑧和⑨代入④，得到 $\{a_n\}$ 的通项公式为
$$a_n = -\frac{\alpha}{\beta-\alpha}\alpha^n + \frac{\beta}{\beta-\alpha}\beta^n = \frac{\beta^{n+1}-\alpha^{n+1}}{\beta-\alpha}.$$

以下分析同解1。

8. 求所有 $a_0 \in \mathbb{R}$,使得由

$$a_{n+1} = 2^n - 3a_n, \quad n = 0, 1, 2, \cdots \quad ①$$

所确定的数列 $a_0, a_1, a_2, \cdots$ 是递增的。(1980年,英国数学奥林匹克)

解 对于 $n \in \mathbb{N}$,由①递推有

$$a_{n+1} = 2^n - 3a_n = 2^n - 3 \cdot 2^{n-1} + 3^2 a_{n-1}$$
$$= 2^n - 3 \cdot 2^{n-1} + 3^2 \cdot 2^{n-2} - 3^3 a_{n-2}$$
$$= \cdots = \sum_{k=0}^{n}(-1)^k 2^{n-k} \cdot 3^k + (-1)^{n+1} 3^{n+1} a_0$$
$$= \frac{1}{5}(2^{n+1} - (-3)^{n+1}) + (-3)^{n+1} a_0. \quad ②$$

由②可得

$$d_n = a_{n+1} - a_n = \frac{1}{5} \cdot 2^n + (-1)^{n+1} 4 \cdot 3^n (a_0 - \frac{1}{5}), \quad n = 0, 1, 2, \cdots \quad ③$$

由③可知,当 $a_0 = \frac{1}{5}$ 时,$d_n = \frac{1}{5} \cdot 2^n > 0$,$n = 0, 1, 2, \cdots$,即数列 $\{a_n\}$ 是递增的。当 $a_0 \neq \frac{1}{5}$ 时,记 $\alpha = a_0 - \frac{1}{5} \neq 0$。因为

$$\lim_{n \to \infty} \frac{\frac{1}{5} \cdot 2^n}{4\alpha \cdot 3^n} = \lim_{n \to \infty} \frac{1}{20\alpha} \left(\frac{2}{3}\right)^n = 0,$$

所以存在自然数 N,使当 $n > N$ 时,就有

$$\frac{\frac{1}{5} \cdot 2^n}{4\alpha \cdot 3^n} < 1, \quad \frac{1}{5} \cdot 2^n < 4\alpha \cdot 3^n,$$

这表明③式右端第2项的绝对值大于第1项的绝对值,因此 d_n 的符号与第2项符号相同,从而 $\{d_n\}$ 中既有无穷多个正项,也有无穷多个负项,这时数列 $\{a_n\}$ 当然不是递增的。

综上可知,满足要求的 $a_0 \in \mathbb{R}$ 只有1个:$a_0 = \frac{1}{5}$。

◎编辑手记

  对外经济贸易大学副校长、国际商学院院长张新民曾说:"人力资源分三个层次:人物,人才,人手."一个单位的主要社会声望、学术水准一定是有一些旗杆式的人物来作代表.

  数学奥林匹克在中国是"显学",有数以万计的教练员,但这里面绝大多数是人手和人才级别的,能称得上人物的寥寥无几.本书作者南开大学数学教授李成章先生算是一位.

  有些人貌似牛×,但了解了之后发现实际上就是个傻×,有些人今天牛×,但没过多久,报纸上或中纪委网站上就会公布其也是个傻×.于是人们感叹,今日之中国还有没有一以贯之的人物,即看似不太牛×,但一了解还真挺牛×,以前就挺牛×,过了多少年之后还挺牛×,这样的人哪里多呢? 余以为:数学圈里居多.上了点年纪的,细细琢磨,都挺牛×.在外行人看来挺平凡的老头,当年都是厉害的角色,正如本书作者——李成章先生.20世纪80年代,中国数学奥林匹克刚刚兴起之时,一批学有专长、治学严谨的中年数学工作者积极参与培训工作,使得中国奥数军团在国际上异军突起,成绩卓著.南方有常庚哲、单壿、杜锡录、苏淳、李尚志等,北方则首推李成章教授.当时还有一位齐东旭教授,后来齐教授退出了奥赛圈,而李成章教授则一直坚持至今,教奥数的教龄可能已长达30余年.屠呦呦教授在获拉斯克奖之前并不被多少中国人知晓,获了此奖后也只有少部分人关注,直到获诺贝尔奖后才被大多数中国人知晓,在之前长达40年无人知晓.李成章教授也是如此,尽管他不是三无教授,他有博士学位,但那又如何呢? 一个不善钻营,老老实实做人,踏踏实实做事的知识分子的命运如果不出什么意外,大致也就是如此了.但圈内人会记得,会在恰当的时候向其表示致敬.

本书尽管不那么系统,不那么体例得当,但它是绝对的原汁原味,纯手工制作,许多题目都是作者自己原创的,而且在组合分析领域绝对是国内一流.学过竞赛的人都知道,组合问题既不好学也不好教,原因是它没有统一的方法,几乎是一题一样,完全凭借巧思,而且国内著作大多东抄西抄,没真东西,但本书恰好弥补了这一缺失.

李教授是吉林人,东北口音浓重,自幼学习成绩优异,以高分考入吉林大学数学系,后在王柔怀校长门下攻读偏微分方程博士学位,深得王先生喜爱.在《数学文化》杂志中曾刊登过王先生之子写的一个长篇回忆文章,其中就专门提到了李教授在偏微分方程方面的突出贡献.李教授为人耿直,坚持真理不苟同,颇有求真务实之精神.曾有人在报刊上这样形容:科普鹰派它是一个独特的品种,幼儿园老师问"树上有十只鸟,用枪打死一只,树上还有几只鸟?"大概答"九只"的,长大后成了科普鹰派;答"没有"的,长大后仍是普通人.科普鹰派相信一切社会问题都可以还原为科学问题,普通人则相信"不那么科学"的常识.

李教授习惯于用数学的眼光看待一切事物,个性鲜明.为了说明其在中国数学奥林匹克事业中的地位,举个例子:在20世纪八九十年代中国数学奥林匹克国家集训队上,队员们亲切地称其为"李军长".看过电影《南征北战》的人都知道,里面最经典的人物莫过于"张军长"和"李军长","张军长"的原型是抗日名将张灵甫,学生们将这一称号送给了北大教授张筑生,他是"文革"后北大的第一位数学博士,师从著名数学家廖山涛先生,热心数学奥林匹克事业,后英年早逝.张筑生教授与李成章教授是那时中国队的主力教练,为中国数学奥林匹克走向世界立下了汗马功劳,也得到了一堆的奖状与证书.至于一个成熟的偏微分方程专家为什么转而从事数学奥林匹克这样一个略显初等的工作,这恐怕是与当时的社会环境有关,有一个例子:1980年末,中科院冶金研究所博士黄佶到上海推销一款名为"胜天"的游戏机,同时为了苦练攻关技巧,把手指头也磨破了.1990年,他将积累的一拳头高的手稿写成中国内地第一本攻略书——《电子游戏入门》.

这立即成为畅销书.半年后,福州老师傅瓒也加入此列,出版了《电视游戏一点通》,结果一年内再版五次,总印量超过23万册,这在很大程度上要归功于他开创性地披露游戏秘籍.

一时间,几乎全中国的孩子都在疯狂念着口诀按手柄,最著名的莫过于"上上下下左右左右BA",如果足够连贯地完成,游戏者就可以在魂斗罗开局时获得三十条命.

攻略书为傅瓒带来一万多元的版税收入,而当时作家梁晓声捻断须眉出一本小说也就得5 000元左右.所以对于当时清贫的数学工作者来说,教数学竞赛是一个脱贫的机会.《连线》杂志创始主编、《失控》作者凯文·凯利(Kevin Kelly)相信:机遇优于效率——埋头苦干一生不及抓住机遇一次.

李教授十分敬业,俗称干一行爱一行.笔者曾到过李教授的书房,以笔者的视角看李教授远不是博览群书型,其藏书量在数学界当然比不上上海的叶中豪,就是与笔者相比也仅为笔者的几十分之一,但是它专.2011年4月,中国人民大学政治系主任、知名学者张鸣教授在《文史博览》杂志上发表题为"学界的技术主义的泥潭"的文章,其中一段如下:"画地为牢的最突出的表现,就是教授们不看书.出版界经常统计社会大众的阅读量,越统计越泄气,无疑,社会大众的阅读量是逐年下降的,跟美国、日本这样的发达国家,距离越拉越大.其实,中国的教授,阅读量也不大.我们很多著名院校的理工科教授,家里几乎没有什么藏书,顶多有几本工具书,一些专业杂志.有位父母都是著名工科教授的学生告诉我,在家里,他买书是要挨骂的.社会科学的教授也许会有几本书,但多半跟自己的专业有关.文史哲的教授藏书比较多一点,但很多人真正看的,也就是自己的专业书籍,小范围的专业书籍.众教授的读书经历,就是专业训练的过程,从教科书到专业杂志,舍此而外,就意味着不务正业."

李教授的藏书有两类.一类是关于偏微分方程方面的,多是英文专著,是其在读博士期间用科研经费买的早期影印版(没买版权的),其中有盖尔方特的《广义函数》(4卷本)等名著.第二类就是各种数学奥林匹克参考书,收集的十分齐全,排列整整齐齐.如果从理想中知识分子应具有的博雅角度审视李教授,似乎他还有些不完美.但是要从"专业至上","技术救国"的角度看,李教授堪称完美,从这九大本一丝不苟的讲义(李教授家里这样的笔记还有好多本,本次先挑了这九本当作第一辑,所以在阅读时可能会有跳跃感,待全部出版后,定会像拼图完成一样有一个整体面貌)可见这是一个标准的技术型专家,是俄式人才培养理念的硕果.

不幸的是,在笔者与之洽谈出版事宜期间李教授患了脑瘤.之前李教授就得过中风等老年病,此次患病打击很重,手术后靠记扑克牌恢复记忆.但李教授每次与笔者谈的不是对生的渴望与对死亡的恐惧,而是谈奥数往事,谈命题思路,谈解题心得,可想其对奥数的痴迷与热爱.怎样形容他与奥数之间的这种不解之缘呢?突然记起了胡适的一首小诗,想了想,将它添在了本文的末尾.

醉过才知酒浓,
爱过才知情重,
你不能做我的诗,
正如我不能做你的梦.

刘培杰
2016年1月1日
于哈工大

哈尔滨工业大学出版社刘培杰数学工作室
已出版(即将出版)图书目录

书　名	出版时间	定　价	编号
新编中学数学解题方法全书(高中版)上卷	2007—09	38.00	7
新编中学数学解题方法全书(高中版)中卷	2007—09	48.00	8
新编中学数学解题方法全书(高中版)下卷(一)	2007—09	42.00	17
新编中学数学解题方法全书(高中版)下卷(二)	2007—09	38.00	18
新编中学数学解题方法全书(高中版)下卷(三)	2010—06	58.00	73
新编中学数学解题方法全书(初中版)上卷	2008—01	28.00	29
新编中学数学解题方法全书(初中版)中卷	2010—07	38.00	75
新编中学数学解题方法全书(高考复习卷)	2010—01	48.00	67
新编中学数学解题方法全书(高考真题卷)	2010—01	38.00	62
新编中学数学解题方法全书(高考精华卷)	2011—03	68.00	118
新编平面解析几何解题方法全书(专题讲座卷)	2010—01	18.00	61
新编中学数学解题方法全书(自主招生卷)	2013—08	88.00	261
数学眼光透视	2008—01	38.00	24
数学思想领悟	2008—01	38.00	25
数学应用展观	2008—01	38.00	26
数学建模导引	2008—01	28.00	23
数学方法溯源	2008—01	38.00	27
数学史话览胜	2008—01	28.00	28
数学思维技术	2013—09	38.00	260
从毕达哥拉斯到怀尔斯	2007—10	48.00	9
从迪利克雷到维斯卡尔迪	2008—01	48.00	21
从哥德巴赫到陈景润	2008—05	98.00	35
从庞加莱到佩雷尔曼	2011—08	138.00	136
数学奥林匹克与数学文化(第一辑)	2006—05	48.00	4
数学奥林匹克与数学文化(第二辑)(竞赛卷)	2008—01	48.00	19
数学奥林匹克与数学文化(第二辑)(文化卷)	2008—07	58.00	36′
数学奥林匹克与数学文化(第三辑)(竞赛卷)	2010—01	48.00	59
数学奥林匹克与数学文化(第四辑)(竞赛卷)	2011—08	58.00	87
数学奥林匹克与数学文化(第五辑)	2015—06	98.00	370

哈尔滨工业大学出版社刘培杰数学工作室
已出版(即将出版)图书目录

书　名	出版时间	定　价	编号
世界著名平面几何经典著作钩沉——几何作图专题卷(上)	2009—06	48.00	49
世界著名平面几何经典著作钩沉——几何作图专题卷(下)	2011—01	88.00	80
世界著名平面几何经典著作钩沉(民国平面几何老课本)	2011—03	38.00	113
世界著名平面几何经典著作钩沉(建国初期平面三角老课本)	2015—08	38.00	507
世界著名解析几何经典著作钩沉——平面解析几何卷	2014—01	38.00	273
世界著名数论经典著作钩沉(算术卷)	2012—01	28.00	125
世界著名数学经典著作钩沉——立体几何卷	2011—02	28.00	88
世界著名三角学经典著作钩沉(平面三角卷Ⅰ)	2010—06	28.00	69
世界著名三角学经典著作钩沉(平面三角卷Ⅱ)	2011—01	38.00	78
世界著名初等数论经典著作钩沉(理论和实用算术卷)	2011—07	38.00	126

书　名	出版时间	定　价	编号
发展空间想象力	2010—01	38.00	57
走向国际数学奥林匹克的平面几何试题诠释(上、下)(第1版)	2007—01	68.00	11,12
走向国际数学奥林匹克的平面几何试题诠释(上、下)(第2版)	2010—02	98.00	63,64
平面几何证明方法全书	2007—08	35.00	1
平面几何证明方法全书习题解答(第1版)	2005—10	18.00	2
平面几何证明方法全书习题解答(第2版)	2006—12	18.00	10
平面几何天天练上卷·基础篇(直线型)	2013—01	58.00	208
平面几何天天练中卷·基础篇(涉及圆)	2013—01	28.00	234
平面几何天天练下卷·提高篇	2013—01	58.00	237
平面几何专题研究	2013—07	98.00	258
最新世界各国数学奥林匹克中的平面几何试题	2007—09	38.00	14
数学竞赛平面几何典型题及新颖解	2010—07	48.00	74
初等数学复习及研究(平面几何)	2008—09	58.00	38
初等数学复习及研究(立体几何)	2010—06	38.00	71
初等数学复习及研究(平面几何)习题解答	2009—01	48.00	42
几何学教程(平面几何卷)	2011—03	68.00	90
几何学教程(立体几何卷)	2011—07	68.00	130
几何变换与几何证题	2010—06	88.00	70
计算方法与几何证题	2011—06	28.00	129
立体几何技巧与方法	2014—04	88.00	293
几何瑰宝——平面几何500名题暨1000条定理(上、下)	2010—07	138.00	76,77
三角形的解法与应用	2012—07	18.00	183
近代的三角形几何学	2012—07	48.00	184
一般折线几何学	2015—08	48.00	203
三角形的五心	2009—06	28.00	51
三角形的六心及其应用	2015—10	68.00	542
三角形趣谈	2012—08	28.00	212
解三角形	2014—01	28.00	265
三角学专门教程	2014—09	28.00	387

哈尔滨工业大学出版社刘培杰数学工作室
已出版（即将出版）图书目录

书　名	出版时间	定　价	编号
距离几何分析导引	2015—02	68.00	446
圆锥曲线习题集（上册）	2013—06	68.00	255
圆锥曲线习题集（中册）	2015—01	78.00	434
圆锥曲线习题集（下册）	即将出版		
近代欧氏几何学	2012—03	48.00	162
罗巴切夫斯基几何学及几何基础概要	2012—07	28.00	188
罗巴切夫斯基几何学初步	2015—06	28.00	474
用三角、解析几何、复数、向量计算解数学竞赛几何题	2015—03	48.00	455
美国中学几何教程	2015—04	88.00	458
三线坐标与三角形特征点	2015—04	98.00	460
平面解析几何方法与研究（第1卷）	2015—05	18.00	471
平面解析几何方法与研究（第2卷）	2015—06	18.00	472
平面解析几何方法与研究（第3卷）	2015—07	18.00	473
解析几何研究	2015—01	38.00	425
初等几何研究	2015—02	58.00	444
俄罗斯平面几何问题集	2009—08	88.00	55
俄罗斯立体几何问题集	2014—03	58.00	283
俄罗斯几何大师——沙雷金论数学及其他	2014—01	48.00	271
来自俄罗斯的5000道几何习题及解答	2011—03	58.00	89
俄罗斯初等数学问题集	2012—05	38.00	177
俄罗斯函数问题集	2011—03	38.00	103
俄罗斯组合分析问题集	2011—01	48.00	79
俄罗斯初等数学万题选——三角卷	2012—11	38.00	222
俄罗斯初等数学万题选——代数卷	2013—08	68.00	225
俄罗斯初等数学万题选——几何卷	2014—01	68.00	226
463个俄罗斯几何老问题	2012—01	28.00	152
超越吉米多维奇.数列的极限	2009—11	48.00	58
超越普里瓦洛夫.留数卷	2015—01	28.00	437
超越普里瓦洛夫.无穷乘积与它对解析函数的应用卷	2015—05	28.00	477
超越普里瓦洛夫.积分卷	2015—06	18.00	481
超越普里瓦洛夫.基础知识卷	2015—06	28.00	482
超越普里瓦洛夫.数项级数卷	2015—07	38.00	489
初等数论难题集（第一卷）	2009—05	68.00	44
初等数论难题集（第二卷）（上、下）	2011—02	128.00	82,83
数论概貌	2011—03	18.00	93
代数数论（第二版）	2013—08	58.00	94
代数多项式	2014—06	38.00	289
初等数论的知识与问题	2011—02	28.00	95
超越数论基础	2011—03	28.00	96
数论初等教程	2011—03	28.00	97
数论基础	2011—03	18.00	98
数论基础与维诺格拉多夫	2014—03	18.00	292
解析数论基础	2012—08	28.00	216
解析数论基础（第二版）	2014—01	48.00	287
解析数论问题集（第二版）	2014—05	88.00	343

哈尔滨工业大学出版社刘培杰数学工作室
已出版(即将出版)图书目录

书　名	出版时间	定　价	编号
数论入门	2011—03	38.00	99
代数数论入门	2015—03	38.00	448
数论开篇	2012—07	28.00	194
解析数论引论	2011—03	48.00	100
Barban Davenport Halberstam 均值和	2009—01	40.00	33
基础数论	2011—03	28.00	101
初等数论100例	2011—05	18.00	122
初等数论经典例题	2012—07	18.00	204
最新世界各国数学奥林匹克中的初等数论试题(上、下)	2012—01	138.00	144,145
初等数论(Ⅰ)	2012—01	18.00	156
初等数论(Ⅱ)	2012—01	18.00	157
初等数论(Ⅲ)	2012—01	28.00	158
平面几何与数论中未解决的新老问题	2013—01	68.00	229
代数数论简史	2014—11	28.00	408
代数数论	2015—09	88.00	532
谈谈素数	2011—03	18.00	91
平方和	2011—03	18.00	92
复变函数引论	2013—10	68.00	269
伸缩变换与抛物旋转	2015—01	38.00	449
无穷分析引论(上)	2013—04	88.00	247
无穷分析引论(下)	2013—04	98.00	245
数学分析	2014—04	28.00	338
数学分析中的一个新方法及其应用	2013—01	38.00	231
数学分析例选:通过范例学技巧	2013—01	88.00	243
高等代数例选:通过范例学技巧	2015—06	88.00	475
三角级数论(上册)(陈建功)	2013—01	38.00	232
三角级数论(下册)(陈建功)	2013—01	48.00	233
三角级数论(哈代)	2013—06	48.00	254
三角级数	2015—07	28.00	263
超越数	2011—03	18.00	109
三角和方法	2011—03	18.00	112
整数论	2011—05	38.00	120
从整数谈起	2015—10	18.00	538
随机过程(Ⅰ)	2014—01	78.00	224
随机过程(Ⅱ)	2014—01	68.00	235
算术探索	2011—12	158.00	148
组合数学	2012—04	28.00	178
组合数学浅谈	2012—03	28.00	159
丢番图方程引论	2012—03	48.00	172
拉普拉斯变换及其应用	2015—02	38.00	447
高等代数.上	2016—01	38.00	548
高等代数.下	2016—01	38.00	549
数学解析教程.上卷.1	2016—01	58.00	546
数学解析教程.上卷.2	2016—01	38.00	553
函数构造论.上	2016—01	38.00	554
函数构造论.下	即将出版		555
数与多项式	2016—01	38.00	558

哈尔滨工业大学出版社刘培杰数学工作室
已出版(即将出版)图书目录

书　　名	出版时间	定　价	编号
同余理论	2012—05	38.00	163
[x]与{x}	2015—04	48.00	476
极值与最值.上卷	2015—06	38.00	486
极值与最值.中卷	2015—06	38.00	487
极值与最值.下卷	2015—06	28.00	488
整数的性质	2012—11	38.00	192
多项式理论	2015—10	88.00	541
历届美国中学生数学竞赛试题及解答(第一卷)1950—1954	2014—07	18.00	277
历届美国中学生数学竞赛试题及解答(第二卷)1955—1959	2014—04	18.00	278
历届美国中学生数学竞赛试题及解答(第三卷)1960—1964	2014—06	18.00	279
历届美国中学生数学竞赛试题及解答(第四卷)1965—1969	2014—04	28.00	280
历届美国中学生数学竞赛试题及解答(第五卷)1970—1972	2014—06	18.00	281
历届美国中学生数学竞赛试题及解答(第七卷)1981—1986	2015—01	18.00	424
历届 IMO 试题集(1959—2005)	2006—05	58.00	5
历届 CMO 试题集	2008—09	28.00	40
历届中国数学奥林匹克试题集	2014—10	38.00	394
历届加拿大数学奥林匹克试题集	2012—08	38.00	215
历届美国数学奥林匹克试题集:多解推广加强	2012—08	38.00	209
历届波兰数学竞赛试题集.第1卷,1949～1963	2015—03	18.00	453
历届波兰数学竞赛试题集.第2卷,1964～1976	2015—03	18.00	454
保加利亚数学奥林匹克	2014—10	38.00	393
圣彼得堡数学奥林匹克试题集	2015—01	48.00	429
历届国际大学生数学竞赛试题集(1994—2010)	2012—01	28.00	143
全国大学生数学夏令营数学竞赛试题及解答	2007—03	28.00	15
全国大学生数学竞赛辅导教程	2012—07	28.00	189
全国大学生数学竞赛复习全书	2014—04	48.00	340
历届美国大学生数学竞赛试题集	2009—03	88.00	43
前苏联大学生数学奥林匹克竞赛题解(上编)	2012—04	28.00	169
前苏联大学生数学奥林匹克竞赛题解(下编)	2012—04	38.00	170
历届美国数学邀请赛试题集	2014—01	48.00	270
全国高中数学竞赛试题及解答.第1卷	2014—07	38.00	331
大学生数学竞赛讲义	2014—09	28.00	371
亚太地区数学奥林匹克竞赛题	2015—07	18.00	492
高考数学临门一脚(含密押三套卷)(理科版)	2015—01	24.80	421
高考数学临门一脚(含密押三套卷)(文科版)	2015—01	24.80	422
新课标高考数学题型全归纳(文科版)	2015—05	72.00	467
新课标高考数学题型全归纳(理科版)	2015—05	82.00	468
王连笑教你怎样学数学:高考选择题解题策略与客观题实用训练	2014—01	48.00	262
王连笑教你怎样学数学:高考数学高层次讲座	2015—02	48.00	432
高考数学的理论与实践	2009—08	38.00	53
高考数学核心题型解题方法与技巧	2010—01	28.00	86
高考思维新平台	2014—03	38.00	259
30分钟拿下高考数学选择题、填空题(第二版)	2012—01	28.00	146
高考数学压轴题解题诀窍(上)	2012—02	78.00	166
高考数学压轴题解题诀窍(下)	2012—03	28.00	167
北京市五区文科数学三年高考模拟题详解:2013～2015	2015—08	48.00	500
北京市五区理科数学三年高考模拟题详解:2013～2015	2015—09	68.00	505

哈尔滨工业大学出版社刘培杰数学工作室
已出版（即将出版）图书目录

书　名	出版时间	定价	编号
向量法巧解数学高考题	2009—08	28.00	54
高考数学万能解题法	2015—09	28.00	534
高考物理万能解题法	2015—09	28.00	537
高考化学万能解题法	2015—11	25.00	557
2011～2015年全国及各省市高考数学文科精品试题审题要津与解法研究	2015—10	68.00	539
2011～2015年全国及各省市高考数学理科精品试题审题要津与解法研究	2015—10	88.00	540
整函数	2012—08	18.00	161
近代拓扑学研究	2013—04	38.00	239
多项式和无理数	2008—01	68.00	22
模糊数据统计学	2008—03	48.00	31
模糊分析学与特殊泛函空间	2013—01	68.00	241
受控理论与解析不等式	2012—05	78.00	165
解析不等式新论	2009—06	68.00	48
建立不等式的方法	2011—03	98.00	104
数学奥林匹克不等式研究	2009—08	68.00	56
不等式研究（第二辑）	2012—02	68.00	153
不等式的秘密（第一卷）	2012—02	28.00	154
不等式的秘密（第一卷）（第2版）	2014—02	38.00	286
不等式的秘密（第二卷）	2014—01	38.00	268
初等不等式的证明方法	2010—06	38.00	123
初等不等式的证明方法（第二版）	2014—11	38.00	407
不等式·理论·方法（基础卷）	2015—07	38.00	496
不等式·理论·方法（经典不等式卷）	2015—07	38.00	497
不等式·理论·方法（特殊类型不等式卷）	2015—07	48.00	498
谈谈不定方程	2011—05	28.00	119
数学奥林匹克在中国	2014—06	98.00	344
数学奥林匹克问题集	2014—01	38.00	267
数学奥林匹克不等式散论	2010—06	38.00	124
数学奥林匹克不等式欣赏	2011—09	38.00	138
数学奥林匹克超级题库（初中卷上）	2010—01	58.00	66
数学奥林匹克不等式证明方法和技巧（上、下）	2011—08	158.00	134,135
新编640个世界著名数学智力趣题	2014—01	88.00	242
500个最新世界著名数学智力趣题	2008—06	48.00	3
400个最新世界著名数学最值问题	2008—09	48.00	36
500个世界著名数学征解问题	2009—06	48.00	52
400个中国最佳初等数学征解老问题	2010—01	48.00	60
500个俄罗斯数学经典老题	2011—01	28.00	81
1000个国外中学物理好题	2012—04	48.00	174
300个日本高考数学题	2012—05	38.00	142
500个前苏联早期高考数学试题及解答	2012—05	28.00	185
546个早期俄罗斯大学生数学竞赛题	2014—03	38.00	285
548个来自美苏的数学好问题	2014—11	28.00	396
20所苏联著名大学早期入学试题	2015—02	18.00	452
161道德国工科大学生必做的微分方程习题	2015—05	28.00	469
500个德国工科大学生必做的高数习题	2015—06	28.00	478
德国讲义日本考题.微积分卷	2015—04	48.00	456
德国讲义日本考题.微分方程卷	2015—04	38.00	457

哈尔滨工业大学出版社刘培杰数学工作室
已出版(即将出版)图书目录

书　名	出版时间	定　价	编号
几何变换(Ⅰ)	2014—07	28.00	353
几何变换(Ⅱ)	2015—06	28.00	354
几何变换(Ⅲ)	2015—01	38.00	355
几何变换(Ⅳ)	2015—12	38.00	356
中国初等数学研究　2009卷(第1辑)	2009—05	20.00	45
中国初等数学研究　2010卷(第2辑)	2010—05	30.00	68
中国初等数学研究　2011卷(第3辑)	2011—07	60.00	127
中国初等数学研究　2012卷(第4辑)	2012—07	48.00	190
中国初等数学研究　2014卷(第5辑)	2014—02	48.00	288
中国初等数学研究　2015卷(第6辑)	2015—06	68.00	493
博弈论精粹	2008—03	58.00	30
博弈论精粹.第二版(精装)	2015—01	88.00	461
数学 我爱你	2008—01	28.00	20
精神的圣徒　别样的人生——60位中国数学家成长的历程	2008—09	48.00	39
数学史概论	2009—06	78.00	50
数学史概论(精装)	2013—03	158.00	272
数学史选讲	2016—01	48.00	544
斐波那契数列	2010—02	28.00	65
数学拼盘和斐波那契魔方	2010—07	38.00	72
斐波那契数列欣赏	2011—02	28.00	160
数学的创造	2011—02	48.00	85
数学中的美	2011—02	38.00	84
数论中的美学	2014—12	38.00	351
数学王者　科学巨人——高斯	2015—01	28.00	428
振兴祖国数学的圆梦之旅:中国初等数学研究史话	2015—06	78.00	490
二十世纪中国数学史料研究	2015—10	48.00	536
数字谜、数阵图与棋盘覆盖	2016—01	58.00	298
时间的形状	2016—01	38.00	556
最新全国及各省市高考数学试卷解法研究及点拨评析	2009—02	38.00	41
2011年全国及各省市高考数学试题审题要津与解法研究	2011—10	48.00	139
2013年全国及各省市高考数学试题解析与点评	2014—01	48.00	282
全国及各省市高考数学试题审题要津与解法研究	2015—02	48.00	450
全国中考数学压轴题审题要津与解法研究	2013—04	78.00	248
新编全国及各省市中考数学压轴题审题要津与解法研究	2014—05	58.00	342
全国及各省市5年中考数学压轴题审题要津与解法研究	2015—04	58.00	462
新课标高考数学——五年试题分章详解(2007～2011)(上、下)	2011—10	78.00	140,141
中考数学专题总复习	2007—04	28.00	6
数学解题——靠数学思想给力(上)	2011—07	38.00	131
数学解题——靠数学思想给力(中)	2011—07	48.00	132
数学解题——靠数学思想给力(下)	2011—07	38.00	133
我怎样解题	2013—01	48.00	227
数学解题中的物理方法	2011—06	28.00	114
数学解题的特殊方法	2011—06	48.00	115
中学数学计算技巧	2012—01	48.00	116
中学数学证明方法	2012—01	58.00	117
数学趣题巧解	2012—03	28.00	128
高中数学教学通鉴	2015—05	58.00	479
和高中生漫谈:数学与哲学的故事	2014—08	28.00	369

哈尔滨工业大学出版社刘培杰数学工作室
已出版(即将出版)图书目录

书　名	出版时间	定　价	编号
自主招生考试中的参数方程问题	2015—01	28.00	435
自主招生考试中的极坐标问题	2015—04	28.00	463
近年全国重点大学自主招生数学试题全解及研究.华约卷	2015—02	38.00	441
近年全国重点大学自主招生数学试题全解及研究.北约卷	即将出版		
自主招生数学解证宝典	2015—09	48.00	535
格点和面积	2012—07	18.00	191
射影几何趣谈	2012—04	28.00	175
斯潘纳尔引理——从一道加拿大数学奥林匹克试题谈起	2014—01	28.00	228
李普希兹条件——从几道近年高考数学试题谈起	2012—10	18.00	221
拉格朗日中值定理——从一道北京高考试题的解法谈起	2015—10	18.00	197
闵科夫斯基定理——从一道清华大学自主招生试题谈起	2014—01	28.00	198
哈尔测度——从一道冬令营试题的背景谈起	2012—08	28.00	202
切比雪夫逼近问题——从一道中国台北数学奥林匹克试题谈起	2013—04	38.00	238
伯恩斯坦多项式与贝齐尔曲面——从一道全国高中数学联赛试题谈起	2013—03	38.00	236
卡塔兰猜想——从一道普特南竞赛试题谈起	2013—06	18.00	256
麦卡锡函数和阿克曼函数——从一道前南斯拉夫数学奥林匹克试题谈起	2012—08	18.00	201
贝蒂定理与拉姆贝克莫斯尔定理——从一个拣石子游戏谈起	2012—08	18.00	217
皮亚诺曲线和豪斯道夫分球定理——从无限集谈起	2012—08	18.00	211
平面凸图形与凸多面体	2012—10	28.00	218
斯坦因豪斯问题——从一道二十五省市自治区中学数学竞赛试题谈起	2012—07	18.00	196
纽结理论中的亚历山大多项式与琼斯多项式——从一道北京市高一数学竞赛试题谈起	2012—07	28.00	195
原则与策略——从波利亚"解题表"谈起	2013—04	38.00	244
转化与化归——从三大尺规作图不能问题谈起	2012—08	28.00	214
代数几何中的贝祖定理(第一版)——从一道IMO试题的解法谈起	2013—08	18.00	193
成功连贯理论与约当块理论——从一道比利时数学竞赛试题谈起	2012—04	18.00	180
磨光变换与范·德·瓦尔登猜想——从一道环球城市竞赛试题谈起	即将出版		
素数判定与大数分解	2014—08	18.00	199
置换多项式及其应用	2012—10	18.00	220
椭圆函数与模函数——从一道美国加州大学洛杉矶分校(UCLA)博士资格考题谈起	2012—10	28.00	219
差分方程的拉格朗日方法——从一道2011年全国高考理科试题的解法谈起	2012—08	28.00	200
力学在几何中的一些应用	2013—01	38.00	240
高斯散度定理、斯托克斯定理和平面格林定理——从一道国际大学生数学竞赛试题谈起	即将出版		
康托洛维奇不等式——从一道全国高中联赛试题谈起	2013—03	28.00	337
西格尔引理——从一道第18届IMO试题的解法谈起	即将出版		
罗斯定理——从一道前苏联数学竞赛试题谈起	即将出版		
拉克斯定理和阿廷定理——从一道IMO试题的解法谈起	2014—01	58.00	246

哈尔滨工业大学出版社刘培杰数学工作室
已出版（即将出版）图书目录

书 名	出版时间	定 价	编号
毕卡大定理——从一道美国大学数学竞赛试题谈起	2014—07	18.00	350
贝齐尔曲线——从一道全国高中联赛试题谈起	即将出版		
拉格朗日乘子定理——从一道 2005 年全国高中联赛试题的高等数学解法谈起	2015—05	28.00	480
雅可比定理——从一道日本数学奥林匹克试题谈起	2013—04	48.00	249
李天岩－约克定理——从一道波兰数学竞赛试题谈起	2014—06	28.00	349
整系数多项式因式分解的一般方法——从克朗耐克算法谈起	即将出版		
布劳维不动点定理——从一道前苏联数学奥林匹克试题谈起	2014—01	38.00	273
压缩不动点定理——从一道高考数学试题的解法谈起	即将出版		
伯恩赛德定理——从一道英国数学奥林匹克试题谈起	即将出版		
布查特－莫斯特定理——从一道上海市初中竞赛试题谈起	即将出版		
数论中的同余数问题——从一道普特南竞赛试题谈起	即将出版		
范·德蒙行列式——从一道美国数学奥林匹克试题谈起	即将出版		
中国剩余定理:总数法构建中国历史年表	2015—01	28.00	430
牛顿程序与方程求根——从一道全国高考试题解法谈起	即将出版		
库默尔定理——从一道 IMO 预选试题谈起	即将出版		
卢丁定理——从一道冬令营试题的解法谈起	即将出版		
沃斯滕霍姆定理——从一道 IMO 预选试题谈起	即将出版		
卡尔松不等式——从一道莫斯科数学奥林匹克试题谈起	即将出版		
信息论中的香农熵——从一道近年高考压轴题谈起	即将出版		
约当不等式——从一道希望杯竞赛试题谈起	即将出版		
拉比诺维奇定理	即将出版		
刘维尔定理——从一道《美国数学月刊》征解问题的解法谈起	即将出版		
卡塔兰恒等式与级数求和——从一道 IMO 试题的解法谈起	即将出版		
勒让德猜想与素数分布——从一道爱尔兰竞赛试题谈起	即将出版		
天平称重与信息论——从一道基辅市数学奥林匹克试题谈起	即将出版		
哈密尔顿－凯莱定理:从一道高中数学联赛试题的解法谈起	2014—09	18.00	376
艾思特曼定理——从一道 CMO 试题的解法谈起	即将出版		
一个爱尔特希问题——从一道西德数学奥林匹克试题谈起	即将出版		
有限群中的爱丁格尔问题——从一道北京市初中二年级数学竞赛试题谈起	即将出版		
贝克码与编码理论——从一道全国高中联赛试题谈起	即将出版		
帕斯卡三角形	2014—03	18.00	294
蒲丰投针问题——从 2009 年清华大学的一道自主招生试题谈起	2014—01	38.00	295
斯图姆定理——从一道"华约"自主招生试题的解法谈起	2014—01	18.00	296
许瓦兹引理——从一道加利福尼亚大学伯克利分校数学系博士生试题谈起	2014—08	18.00	297
拉格朗日中值定理——从一道北京高考试题的解法谈起	2014—01		298
拉姆塞定理——从王诗宬院士的一个问题谈起	2014—01		299
坐标法	2013—12	28.00	332
数论三角形	2014—04	38.00	341
毕克定理	2014—07	18.00	352
数林掠影	2014—09	48.00	389
我们周围的概率	2014—10	38.00	390
凸函数最值定理:从一道华约自主招生题的解法谈起	2014—10	28.00	391
易学与数学奥林匹克	2014—10	38.00	392

哈尔滨工业大学出版社刘培杰数学工作室
已出版(即将出版)图书目录

书 名	出版时间	定 价	编号
生物数学趣谈	2015—01	18.00	409
反演	2015—01		420
因式分解与圆锥曲线	2015—01	18.00	426
轨迹	2015—01	28.00	427
面积原理:从常庚哲命的一道 CMO 试题的积分解法谈起	2015—01	48.00	431
形形色色的不动点定理:从一道28届IMO试题谈起	2015—01	38.00	439
柯西函数方程:从一道上海交大自主招生的试题谈起	2015—02	28.00	440
三角恒等式	2015—02	28.00	442
无理性判定:从一道2014年"北约"自主招生试题谈起	2015—01	38.00	443
数学归纳法	2015—03	18.00	451
极端原理与解题	2015—04	28.00	464
法雷级数	2014—08	18.00	367
摆线族	2015—01	38.00	438
函数方程及其解法	2015—05	38.00	470
含参数的方程和不等式	2012—09	28.00	213
希尔伯特第十问题	2016—01	38.00	543
无穷小量的求和	2016—01	28.00	545
中等数学英语阅读文选	2006—12	38.00	13
统计学专业英语	2007—03	28.00	16
统计学专业英语(第二版)	2012—07	48.00	176
统计学专业英语(第三版)	2015—04	68.00	465
幻方和魔方(第一卷)	2012—05	68.00	173
尘封的经典——初等数学经典文献选读(第一卷)	2012—07	48.00	205
尘封的经典——初等数学经典文献选读(第二卷)	2012—07	38.00	206
代换分析:英文	2015—07	38.00	499
实变函数论	2012—06	78.00	181
复变函数论	2015—08	38.00	504
非光滑优化及其变分分析	2014—01	48.00	230
疏散的马尔科夫链	2014—01	58.00	266
马尔科夫过程论基础	2015—01	28.00	433
初等微分拓扑学	2012—07	18.00	182
方程式论	2011—03	38.00	105
初级方程式论	2011—03	28.00	106
Galois 理论	2011—03	18.00	107
古典数学难题与伽罗瓦理论	2012—11	58.00	223
伽罗华与群论	2014—01	28.00	290
代数方程的根式解及伽罗瓦理论	2011—03	28.00	108
代数方程的根式解及伽罗瓦理论(第二版)	2015—01	28.00	423
线性偏微分方程讲义	2011—03	18.00	110
几类微分方程数值方法的研究	2015—05	38.00	485
N 体问题的周期解	2011—03	28.00	111
代数方程式论	2011—05	18.00	121
动力系统的不变量与函数方程	2011—07	48.00	137
基于短语评价的翻译知识获取	2012—02	48.00	168
应用随机过程	2012—04	48.00	187
概率论导引	2012—04	18.00	179
矩阵论(上)	2013—06	58.00	250
矩阵论(下)	2013—06	48.00	251
对称锥互补问题的内点法:理论分析与算法实现	2014—08	68.00	368
抽象代数:方法导引	2013—06	38.00	257

哈尔滨工业大学出版社刘培杰数学工作室
已出版(即将出版)图书目录

书　　名	出版时间	定　价	编号
函数论	2014—11	78.00	395
反问题的计算方法及应用	2011—11	28.00	147
初等数学研究(Ⅰ)	2008—09	68.00	37
初等数学研究(Ⅱ)(上、下)	2009—05	118.00	46,47
数阵及其应用	2012—02	28.00	164
绝对值方程—折边与组合图形的解析研究	2012—07	48.00	186
代数函数论(上)	2015—07	38.00	494
代数函数论(下)	2015—07	38.00	495
偏微分方程论:法文	2015—10	48.00	533
闵嗣鹤文集	2011—03	98.00	102
吴从炘数学活动三十年(1951～1980)	2010—07	99.00	32
吴从炘数学活动又三十年(1981～2010)	2015—07	98.00	491
趣味初等方程妙题集锦	2014—09	48.00	388
趣味初等数论选美与欣赏	2015—02	48.00	445
耕读笔记(上卷):一位农民数学爱好者的初数探索	2015—04	28.00	459
耕读笔记(中卷):一位农民数学爱好者的初数探索	2015—05	28.00	483
耕读笔记(下卷):一位农民数学爱好者的初数探索	2015—05	28.00	484
几何不等式研究与欣赏.上卷	2016—01	88.00	547
几何不等式研究与欣赏.下卷	2016—01	48.00	552
数贝偶拾——高考数学题研究	2014—04	28.00	274
数贝偶拾——初等数学研究	2014—04	38.00	275
数贝偶拾——奥数题研究	2014—04	48.00	276
集合、函数与方程	2014—01	28.00	300
数列与不等式	2014—01	38.00	301
三角与平面向量	2014—01	28.00	302
平面解析几何	2014—01	38.00	303
立体几何与组合	2014—01	28.00	304
极限与导数、数学归纳法	2014—01	38.00	305
趣味数学	2014—03	28.00	306
教材教法	2014—04	68.00	307
自主招生	2014—05	58.00	308
高考压轴题(上)	2015—01	48.00	309
高考压轴题(下)	2014—10	68.00	310
从费马到怀尔斯——费马大定理的历史	2013—10	198.00	Ⅰ
从庞加莱到佩雷尔曼——庞加莱猜想的历史	2013—10	298.00	Ⅱ
从切比雪夫到爱尔特希(上)——素数定理的初等证明	2013—07	48.00	Ⅲ
从切比雪夫到爱尔特希(下)——素数定理100年	2012—12	98.00	Ⅲ
从高斯到盖尔方特——二次域的高斯猜想	2013—10	198.00	Ⅳ
从库默尔到朗兰兹——朗兰兹猜想的历史	2014—01	98.00	Ⅴ
从比勃巴赫到德布朗斯——比勃巴赫猜想的历史	2014—02	298.00	Ⅵ
从麦比乌斯到陈省身——麦比乌斯变换与麦比乌斯带	2014—02	298.00	Ⅶ
从布尔到豪斯道夫——布尔方程与格论漫谈	2013—10	198.00	Ⅷ
从开普勒到阿诺德——三体问题的历史	2014—05	298.00	Ⅸ
从华林到华罗庚——华林问题的历史	2013—10	298.00	Ⅹ
吴振奎高等数学解题真经(概率统计卷)	2012—01	38.00	149
吴振奎高等数学解题真经(微积分卷)	2012—01	68.00	150
吴振奎高等数学解题真经(线性代数卷)	2012—01	58.00	151
钱昌本教你快乐学数学(上)	2011—12	48.00	155
钱昌本教你快乐学数学(下)	2012—03	58.00	171

哈尔滨工业大学出版社刘培杰数学工作室
已出版(即将出版)图书目录

书　名	出版时间	定　价	编号
第19～23届"希望杯"全国数学邀请赛试题审题要津详细评注(初一版)	2014—03	28.00	333
第19～23届"希望杯"全国数学邀请赛试题审题要津详细评注(初二、初三版)	2014—03	38.00	334
第19～23届"希望杯"全国数学邀请赛试题审题要津详细评注(高一版)	2014—03	28.00	335
第19～23届"希望杯"全国数学邀请赛试题审题要津详细评注(高二版)	2014—03	38.00	336
第19～25届"希望杯"全国数学邀请赛试题审题要津详细评注(初一版)	2015—01	38.00	416
第19～25届"希望杯"全国数学邀请赛试题审题要津详细评注(初二、初三版)	2015—01	58.00	417
第19～25届"希望杯"全国数学邀请赛试题审题要津详细评注(高一版)	2015—01	48.00	418
第19～25届"希望杯"全国数学邀请赛试题审题要津详细评注(高二版)	2015—01	48.00	419
高等数学解题全攻略(上卷)	2013—06	58.00	252
高等数学解题全攻略(下卷)	2013—06	58.00	253
高等数学复习纲要	2014—01	18.00	384
三角函数	2014—01	38.00	311
不等式	2014—01	38.00	312
数列	2014—01	38.00	313
方程	2014—01	28.00	314
排列和组合	2014—01	28.00	315
极限与导数	2014—01	28.00	316
向量	2014—09	38.00	317
复数及其应用	2014—08	28.00	318
函数	2014—01	38.00	319
集合	即将出版		320
直线与平面	2014—01	28.00	321
立体几何	2014—04	28.00	322
解三角形	即将出版		323
直线与圆	2014—01	28.00	324
圆锥曲线	2014—01	38.00	325
解题通法(一)	2014—07	38.00	326
解题通法(二)	2014—07	38.00	327
解题通法(三)	2014—05	38.00	328
概率与统计	2014—01	28.00	329
信息迁移与算法	即将出版		330
物理奥林匹克竞赛大题典——力学卷	2014—11	48.00	405
物理奥林匹克竞赛大题典——热学卷	2014—04	28.00	339
物理奥林匹克竞赛大题典——电磁学卷	2015—07	48.00	406
物理奥林匹克竞赛大题典——光学与近代物理卷	2014—06	28.00	345
历届中国东南地区数学奥林匹克试题集(2004～2012)	2014—06	18.00	346
历届中国西部地区数学奥林匹克试题集(2001～2012)	2014—07	18.00	347
历届中国女子数学奥林匹克试题集(2002～2012)	2014—08	18.00	348
美国高中数学竞赛五十讲.第1卷(英文)	2014—08	28.00	357
美国高中数学竞赛五十讲.第2卷(英文)	2014—08	28.00	358
美国高中数学竞赛五十讲.第3卷(英文)	2014—09	28.00	359
美国高中数学竞赛五十讲.第4卷(英文)	2014—09	28.00	360
美国高中数学竞赛五十讲.第5卷(英文)	2014—10	28.00	361
美国高中数学竞赛五十讲.第6卷(英文)	2014—11	28.00	362
美国高中数学竞赛五十讲.第7卷(英文)	2014—12	28.00	363
美国高中数学竞赛五十讲.第8卷(英文)	2015—01	28.00	364
美国高中数学竞赛五十讲.第9卷(英文)	2015—01	28.00	365
美国高中数学竞赛五十讲.第10卷(英文)	2015—02	38.00	366

哈尔滨工业大学出版社刘培杰数学工作室
已出版(即将出版)图书目录

书　名	出版时间	定价	编号
IMO 50 年.第 1 卷(1959—1963)	2014—11	28.00	377
IMO 50 年.第 2 卷(1964—1968)	2014—11	28.00	378
IMO 50 年.第 3 卷(1969—1973)	2014—09	28.00	379
IMO 50 年.第 4 卷(1974—1978)	即将出版		380
IMO 50 年.第 5 卷(1979—1984)	2015—04	38.00	381
IMO 50 年.第 6 卷(1985—1989)	2015—04	58.00	382
IMO 50 年.第 7 卷(1990—1994)	即将出版		383
IMO 50 年.第 8 卷(1995—1999)	即将出版		384
IMO 50 年.第 9 卷(2000—2004)	2015—04	58.00	385
IMO 50 年.第 10 卷(2005—2008)	即将出版		386
历届美国大学生数学竞赛试题集.第一卷(1938—1949)	2015—01	28.00	397
历届美国大学生数学竞赛试题集.第二卷(1950—1959)	2015—01	28.00	398
历届美国大学生数学竞赛试题集.第三卷(1960—1969)	2015—01	28.00	399
历届美国大学生数学竞赛试题集.第四卷(1970—1979)	2015—01	18.00	400
历届美国大学生数学竞赛试题集.第五卷(1980—1989)	2015—01	28.00	401
历届美国大学生数学竞赛试题集.第六卷(1990—1999)	2015—01	28.00	402
历届美国大学生数学竞赛试题集.第七卷(2000—2009)	2015—08	18.00	403
历届美国大学生数学竞赛试题集.第八卷(2010—2012)	2015—01	18.00	404
新课标高考数学创新题解题诀窍:总论	2014—09	28.00	372
新课标高考数学创新题解题诀窍:必修 1～5 分册	2014—08	38.00	373
新课标高考数学创新题解题诀窍:选修 2-1,2-2,1-1,1-2 分册	2014—09	38.00	374
新课标高考数学创新题解题诀窍:选修 2-3,4-4,4-5 分册	2014—09	18.00	375
全国重点大学自主招生英文数学试题全攻略:词汇卷	2015—07	48.00	410
全国重点大学自主招生英文数学试题全攻略:概念卷	2015—01	28.00	411
全国重点大学自主招生英文数学试题全攻略:文章选读卷(上)	即将出版		412
全国重点大学自主招生英文数学试题全攻略:文章选读卷(下)	即将出版		413
全国重点大学自主招生英文数学试题全攻略:试题卷	2015—07	38.00	414
全国重点大学自主招生英文数学试题全攻略:名著欣赏卷	即将出版		415
数学物理大百科全书.第 1 卷	2016—01	408.00	508
数学物理大百科全书.第 2 卷	2016—01	418.00	509
数学物理大百科全书.第 3 卷	2016—01	396.00	510
数学物理大百科全书.第 4 卷	2016—01	408.00	511
数学物理大百科全书.第 5 卷	2016—01	368.00	512

哈尔滨工业大学出版社刘培杰数学工作室
已出版（即将出版）图书目录

书　　名	出版时间	定　价	编号
劳埃德数学趣题大全.题目卷.1:英文	2016—01	18.00	516
劳埃德数学趣题大全.题目卷.2:英文	2016—01	18.00	517
劳埃德数学趣题大全.题目卷.3:英文	2016—01	18.00	518
劳埃德数学趣题大全.题目卷.4:英文	2016—01	18.00	519
劳埃德数学趣题大全.题目卷.5:英文	2016—01	18.00	520
劳埃德数学趣题大全.答案卷:英文	2016—01	18.00	521
李成章教练奥数笔记.第1卷	2016—01	48.00	522
李成章教练奥数笔记.第2卷	2016—01	48.00	523
李成章教练奥数笔记.第3卷	2016—01	38.00	524
李成章教练奥数笔记.第4卷	2016—01	38.00	525
李成章教练奥数笔记.第5卷	2016—01	38.00	526
李成章教练奥数笔记.第6卷	2016—01	38.00	527
李成章教练奥数笔记.第7卷	2016—01	38.00	528
李成章教练奥数笔记.第8卷	即将出版		529
李成章教练奥数笔记.第9卷	即将出版		530
zeta 函数,q-zeta 函数,相伴级数与积分	2015—08	88.00	513
微分形式:理论与练习	2015—08	58.00	514
离散与微分包含的逼近和优化	2015—08	58.00	515

联系地址:哈尔滨市南岗区复华四道街 10 号　哈尔滨工业大学出版社刘培杰数学工作室
网　　址:http://lpj.hit.edu.cn/
邮　　编:150006
联系电话:0451—86281378　　13904613167
E-mail:lpj1378@163.com